AK Trivia Book No. 11

도해
밀리터리 아이템

오나미 아츠시 저

KB073337

AK TRIVIA
BOOK

소문의 진상

이하의 글 중에서, 「그 내용을 완전하게 부정할 수 있는 사항」이 포함되어 있습니다.

- 핵 지뢰가 작동불량을 일으키지 않도록 비둘기가 데우게 한다.
- 쥐의 뇌에 전극을 붙여서 무선조종기로 조작.
- 일본 방위성(방위청)의 「건담 개발계획」.
- 구 일본군의 반합은 2단 구성으로 되어 있어서 밥을 잔뜩 먹을 수 있다.
- 제2차 세계대전의 독일병사는 팬티를 안 입었다.
- 베트콩은 샌들 신고 싸운다.
- 부적용으로 「표지에 철판이 붙어있는 성서」가 판매되었다.
- 기동대가 들고 있는 듀랄루민 방패는 엽총 탄을 막을 수 없다.
- 전장의 병사들이 고향에 보내는 편지는 우표가 공짜.
- 구 일본군의 장비에는 「거북이 등껍질」과 같은 방탄복이 있다.
- 나팔 마크가 붙어 있는 정로환(正露丸)은 원래 「러시아를 정복한다(征露)」라는 의미의 이름이었다.
- 진주군이 뿌려댄 초콜릿은 별로 달지 않았다.
- 발로 차도 넘어지지 않는 「군용 사족보행 로봇」이 실용화되어 있다.
- 「카무플라쥬」란 「카모플라주」의 프랑스식 발음이다.
- 한국군의 레이션에는 김치찌개가 들어가 있다.
- 적의 경계심을 누그러뜨리기 위해 제작된 「고양이 모양을 한 총」.
- 총검의 날은 전투시에만 갈고, 평소에는 날이 안 서 있다.
- 재봉을 못하는 병사들은 계급장을 오바로크 집에 맡긴다.
- 「도해 밀리터리 아이템」은 교과서 검정에 합격하였다.

이중 한가지만 고르시오.

「보급을 경시하는 군대는 승리 할 수 없다」라는 말이 있습니다. 전차도 군함도 전투기도 전투에 있어서 반드시 필요하지만, 식량이나 피복과 같은 "군대의 강력함과는 관계가 없어 보이는 아이템"도 전쟁에서는 중요합니다.

이 책은 소위「군장 서적」으로 집필된 것은 아닙니다. 군대의 복식은 시대나 국가에 따라 매우 큰 차이가 있어서, 그 숫자나 종류도 매우 방대합니다. O년식 제복이라던가 OO타입의 장구와 같은 아이템을 나열, 비교해 놓은 책을 보고 있으면 즐겁습니다만, 이러한 방식으로는 한 군대의 장비품을 다루는 것 만으로도 몇 권의 책이 완성될 것입니다.

이러한 연식의 차이에 의한 자세한 세부사항을 이야기 하는 것은, 역시 상급자가 좋아할 만한 사항이 아닌가 생각합니다. 그리고 흔히 말하는 "군장의 이름"에 있어서도, 당사자인 군대에서는 그렇게 엄밀하게 구분하거나 하지 않습니다. 「전기형」이라던가 「1944년식」과 같은 구별도 수집가나 연구가들이 편의상 이름을 지어서 구분하는 것이어서, 이러한 문언의 대부분은 「전문가나 매니아와 대화를 하기 위한 일종의 암호」와 같은 것이라 하더라도 과언이 아닐 것입니다.

이러한 세부사항을 「시험공부 하듯이 암기해라」라고 하더라도, 자료의 양만이 강조되어 『흥미와 호기심을 지식으로!』라는 도해 시리즈의 컨셉에 맞지 않습니다. 이 책에서는 「아! 그렇구나」와 같은 알아가며 느끼는 "즐거움"이란 부분이 퇴색되지 않도록, 가능한 한 세부적인 사항에 얽매이지 않도록 주의를 기울였습니다. 자신의 창작물에 군용품(틱한 옷과 장비)을 썼지만, 기초지식 부분에 어려운 사항이 너무 많아서 뭐가 뭔지 모르겠다는 분들에게 특히 추천할 만할 책이라 할 수 있겠습니다. ―예를 들어 한냉지용의 장비에 있어서도 「어느 나라가, 몇 년도에, 이러한 장비를 개발하였다」라는 역사적 사실과, 연대와 연식에 따른 상세한 차이 보다는, 「추운 곳에서 싸우는 병사들에게, 이런 스타일의 장비를 입히면 "그런 듯 하게" 보인다」라는 것을 알 수 있는 내용으로 구성되어 있습니다.

영화나 만화는 물론, 지금은 군용장비라도 경찰에서 사용되거나, 아웃도어 용품으로 판매되는 등, 일반적으로 생활을 하면서 눈에 띄는 일이 많아졌습니다. 이 책을 읽고 나서, 그러한 물품들을 한 차원 다른 시선으로 볼 수 있게 될 것이라 생각합니다!

오나미 아츠시

목 차

제4장 부대장비 및 기타   159

역사에 있어서 가장 곤란한 것이 「그런 사실은 절대 있을 수 없다」라는 것을 증명하는 일이라고 합니다. 실제로 「사실과 다른 이야기가 멋대로 퍼져서 도시전설이 되었다」라는 일이 일어나더라도, 이를 증명하는(것처럼 보이는) 사진이나 담화와 같은 어떠한 틀린 사항이 세상에 퍼지게 되면, 후세의 사람들에게 틀린 사항이 「진실」과 같이 전해지는 것입니다.

앞쪽에 적혀있는 「소문」은 한가지를 빼놓고 모두 「소문이 날 만할 근거(혹은 사실이라는 증거)」가 존재합니다. 그러나 그것들을 전부 증명하는 것은, 신이라는 존재가 아니고서는 곤란합니다. 적어도 「절대로 내가 아는 정보만이 정확한 것이다」라고만 생각하지 말고, 새로운 지식을 찾고, 알아가기를 바랍니다.

.

.

.

문제의 답은......

당연히, 마지막의 「교과서검정」입니다. 절대로, 있을 수 없습니다......

제 1 장
기초 지식

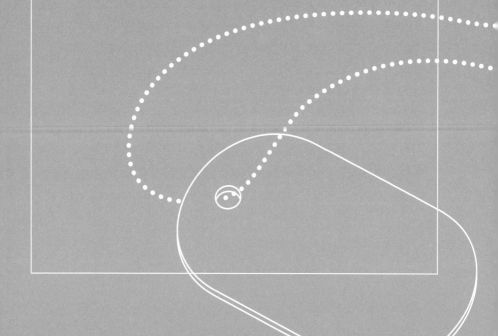

군용장비는 전문적인 사양을 갖춘 뛰어난 제품인가?

군대에서 사용하는 장비는 오랜 세월을 거쳐 진화한 「전문적인 사양」을 갖춘 아이템이다. 훈련 받은 병사가 군용 장비를 착용하면 장비가 가진 최대 성능이 발휘되어, 병사들의 전투력이 향상된다. ―과연 이 말은 진짜일까?

● 군용품과 민수품

군용장비의 경우에는 "자신의 취향과 맞지 않다"고 해서 바꿀 수 있는 것은 아니다. 특수부대와 같이 「자신의 재량에 따라 장비를 선택할 수 있는」 경우를 제외하고, 병사들은 보급된 장비를 사용하여야만 한다.

두 차례의 세계대전과 이후의 냉전시대에는, 최신기술은 가장 먼저 군용품에 투입되었다. 예산 역시 군사연구 쪽에 최우선적으로 편성되었고, 전장에서 사용된 숙성된 군사기술이 민수품에 적용되는 경우가 많았다.

지금은 새로이 세계대전이 일어날 위험이 없어졌기 때문에 군사비는 점점 삭감되고 있다. 새로 개발된 군수품도 적어지고, 개발비의 삭감과 민간기업의 기술 향상으로 인하여 "쓸만한 민수품을 군용품으로 사용하자" 라는 경향이 강해졌다. 물론 전차나 전투기에 사용되는 「무기류」나 「장갑 재료」는 민수품을 사용하는 것에도 한계가 있다. 그러나 **장갑**이나 **군화**와 같은 장비라면, 시중의 아웃도어 제품의 기술이나 제품 그 자체를 군용품으로 사용할 수 있다.

특히 요즘은 「소규모의 지역 분쟁」이 전투의 대부분을 차지하여, 더 이상 냉전 시대와 같은 대량의 전차나 전투기를 확보해야만 하는 상황이 아니다. 자연히 조달하는 장비의 수도 적어지고, 그 대신 "최신기술을 적용한 장비를 적은 수라도 좋으니 빨리 투입하는" 경우가 많아졌다. 그래서 민간 기술을 전용하는 경우가 늘었다고 할 수 있다.

육군은 어느 국가에서나 군대의 기본이며, 많은 인원의 보병으로 구성된다. 그렇기 때문에 소총이나 **텐트**와 같이 많은 수량이 필요한 장비는, **매뉴얼**의 작성이나 훈련 및 장비 부품의 조달과 같은 측면에서 반드시 "통일된 기준"이 필요하다.

한번 전군에 보급된 장비는 변경하기가 어렵다. 그 결과, 전차나 전투기와 같은 정면장비는 차치하고, 가장 기본인 개인장비나 텐트와 같은 장비품이 구형이 되는 경우가 많아진다.

군용 사양 장비

●군용품과 민수품의 관계

냉전 시대에는······

예산이 군사연구에 최우선적으로 편성되었다.

그렇기 때문에······

군용기술을 민간 제품에 응용

민간시장 ← **군대**

현재는······

냉전 종결로 군사연구 예산이 삭감되었다!

장비 개발 예산이 삭감되면······?

전차나 전투기와 같은 「정면장비」에 예산이 편중된다.

보병부대는 대규모의 인원으로 구성되기 때문에, 훈련이나 장비 관계의 사양변경이나 매뉴얼의 수정이 매우 어렵다.

개인 장비나 야영도구 등이 구형이 되는 경우도 있다!

그렇기 때문에······

장비개발의 비용을 절약하고 기간이 단축된다

실적이 있는 제품을 전용한다

민간시장 → **군대**

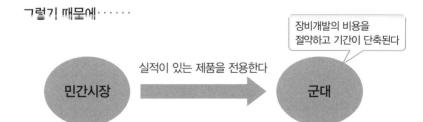

원포인트 잡학상식

민수품 중에서도 아웃도어 스포츠 용품(야영 도구나 피복관계)이나, 식품관계의 메이커(레이션 관련)는 군용품으로 전용이 되는 경우가 많고, 메이커도 이러한 사실을 선전하고 있다.

군용장비는 어떻게 만들어 지는가?

군대에서 사용되는 장비는 전부 「군 내부의 연구/개발부문」에서 전문적으로 고안해내는 것은 아니다. 오히려 군대(국가) 내부에서 만들어지는 장비는 소수파로서, 대부분은 외부(민간)와 협력하여 연구·개발된다.

● 사양결정→시험제작→시험

신 장비의 개발에 있어서, 먼저 「요구사양」이라는 것이 결정된다. 사양이란 장비의 기능이나 외관과 같은 사항을 결정한 것이다. **지프**와 같은 차량을 예로 들면,「차체 사이즈는 ○○m이내, 엔진 출력은 ○○이상, 승차 정원은 ○○명……」과 같은 상세한 사양이 결정된다.

신 장비의 요구사양은, 그 시대의「국제정세」나「예정된 전장」과 같은 요인에 많은 영향을 받는다. 베트남 전쟁에서 싸우고 있는 미군이라면「고온 다습한 기후에 알맞은 사양」이 요구되고, 같은 미군이라도 걸프전/이라크전과 같은 상황이라면 "모래먼지가 날리는 중동의 기후나 차폐물이 적은 사막전을 상정한 사양" 이 요구되는 것이 그 예시라고 할 수 있겠다.

이러한 요구가 두리뭉실하면 완성된 장비 역시「어떤 점에 있어서 뛰어난 것인지 알 수 없는, 사용하기 애매한 물건」이 되어 버린다. 장비의 장점과 단점이 확연하게 드러난다면 사용할 상황과 사용하지 말아야 할 상황이 확실하게 나눠지기 때문에, 어떤 상황을 상정하고 만들어진 것인지를 명확하게 알 수 있는 장비일수록 사용하는 쪽에서도 다루기가 쉬워진다.

사양이 결정되면 정해진 사양에 맞춰서 시작품(프로토타입)이 만들어지고, 군의 테스트를 받게 된다. 이 때 개발을 하는 것은 군의 연구 기관뿐만 아니라, 민간의 메이커가 다수 참가하는 경우가 많다.

테스트는 여러 가지 방법으로 진행된다. 예를 들어 **텐트**의 경우에는 인공강우실에 넣어두고 몇 일 동안 인공강우에 노출 시키는 것 이외에도, 특수부대의 장비실험부대에 의해 군사연습지에 보내져서, 가혹한 자연환경에서 난폭하게 취급 하거나 극한 환경에서의 내구 테스트를 받기도 한다.

테스트가 끝난 장비는 제식화되어 전군에 배치되지만, 그 전에「선행배치」되는 경우도 있다. 선행양산형이나 초기형이라 불리는 이러한 모델은 실전에서 병사들의 손에 의하여 철저하게 단점을 찾아내고, 개량이 되어 본격적으로 배치가 된다.

장비개발의 흐름

장비가 개발되기 위해서는······?

「요구 사양」 결정

● 우선사항과 타협 가능한 부분이 확실하게 정해지는 것이 좋다.
● 국제정세나 지역환경에 많은 영향을 받는다.

「프로토타입」 작성

● 여러 가지 타입이 개발되는 경우도 많다.
● 군 기관만이 개발을 하는 것은 아니다.

개 량

● 결과를 반영시킨 「시험형 (테스트타입)」으로 시험을 속행한다.

테스트 실시

● 테스트는 여러 가지 환경을 상정하여 엄격하게 진행된다.
● 복수의 개발사 간의 경합 방식(트라이얼)으로 진행되는 경우도 있다.

채 용

● 「테스트→개량→재 테스트」 기간을 충분하게 확보하지 못하는 경우, 일단 채용을 하고 실전에서 개량할 부분을 찾아내기도 한다.

원포인트 잡학상식

일본의 경우도 메이커가 군수품 개발에 관여하고 있지만, 국민 감정을 고려해서인지 어느 메이커도 이러한 사실을 선전하지 않는다.

군용장비는 특수한 재질의 제품으로 만들어 졌다?

총의 탄창파우치나 피스톨 벨트, 서스펜더와 같은 장비에는, 가죽이나 캔버스 천과 같은 소재가 사용되었다. 이러한 소재들은 구하기 쉽고 가격이 저렴하였지만, 지금은 일반적으로 나일론을 사용하고 있다.

● 현재의 주류는 나일론

군용장비의 소재로, 예전에는 「가죽」이나 「캔버스(범포) 천」이 일반적으로 사용되었다.

가죽은 면(코튼)과 같이 예전부터 사용된 소재로서, 무두질을 하면 부드러워지기 때문에 주머니나 벨트로, 불을 사용하면 딱딱하게 만들 수 있기 때문에 군화의 소재로서 사용되었다.

캔버스는 넓은 면적의 튼튼한 물건을 만들어야 할 때에 사용이 되었다. 옛날에는 범선의 돛에 사용된 천으로서, **텐트** 천이나 **트럭**의 포장(짐 칸을 덮는)과 같은 곳에 이 소재가 사용 되었으나, 무겁고 빳빳한 것이 단점이었다.

그리고 제2차 세계대전이 끝나자, 군용장비의 재질에 화학섬유를 이용한 것이 나타났다. 그 중에서도 「나일론」이라 불리는 화학섬유는 미국의 듀퐁사에서 개발된 것으로, 강도와 마찰에 강한 점에서 각종 장비에 사용이 되었다.

나일론 자체는 색깔이 없는 섬유로, 가공 할 때 색상을 입힌다. 대부분 검은 색이나 **OD**와 같은 단색이지만, 같이 장비(착용)하는 **위장복**과 같은 패턴이 프린트되어 있는 것도 많다. 장비로 가공될 때에는 우레탄 코팅 처리를 하여, 방수가공 되는 것이 일반적이다.

지금은 잘 찢어지지 않고, 마모되지 않으며, 나일론의 2~3배의 강도를 가지고 있는 「코듀라 나일론Cordura Nylon」이나, 유연성을 더욱 향상시킨 「코듀라 플러스 나일론Cordura Plus Nylon」과 같은 소재도 개발되어 있다.

화학섬유의 발달은 나일론에 국한된 것이 아니다. 유명한 「케블라Kevlar」는 고강도/고내열성 섬유로, 인장강도가 강하기 방탄장비에 사용된다. 「고어텍스(GORE-TEX)」소재는 통기성이 우수하여, 주로 우비나 **판초**와 같은 레인웨어에 사용된다. 이와 동시에, 군화나 전투복의 부분 소재로도 사용되어, 착용감 향상에 기여 하고 있다.

군용장비의 재질

●제2차 세계대전 때까지 일반적으로 사용된 것은······

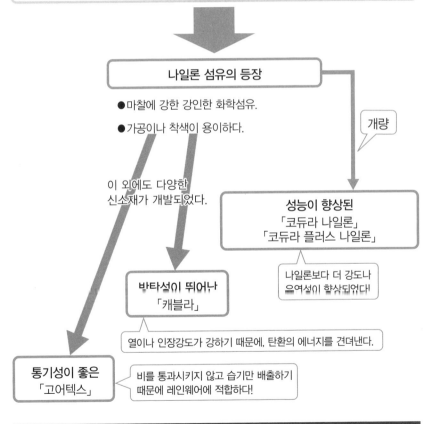

가죽제

●무두질을 하면 부드러워 지고, 불을 쬐면 딱딱해진다.

●오래 전부터 사용되었다.

캔버스제

●넓은 면적의 튼튼한 물건을 만들 수 있다.

●무겁고 빳빳한 것이 단점이다.

나일론 섬유의 등장

●마찰에 강한 강인한 화학섬유.

●가공이나 착색이 용이하다.

개량

이 외에도 다양한 신소재가 개발되었다.

성능이 향상된 「코듀라 나일론」 「코듀라 플러스 나일론」

나일론보다 더 강도나 은여성이 향상되었다!

밧타성이 뛰어난 「캐블라」

열이나 인장강도가 강하기 때문에, 탄환의 에너지를 견뎌낸다.

통기성이 좋은 「고어텍스」

비를 통과시키지 않고 습기만 배출하기 때문에 레인웨어에 적합하다!

원포인트 잡학상식
나일론은 1937년에 미국에서 개발된 합성섬유로, 「면보다 아름답고, 철보다 강력한」이라 선전되어, 여러 가지 피복에 사용되었다.

잉여군수품이란 어떤 것인가?

야전복이나 군화, 가방, 수통과 같이 군대에서 사용되는 장비는 군 내부뿐만 아니라 민간 상점이나 인터넷 쇼핑 몰에서도 구할 수 있다. 이러한 물품(잉여군수품surplus)이 존재하는 것은, 군대의 장비조달방법과 관련이 있다.

● 방출품이기도 하고 잉여품이기도 하고

군대뿐만 아니라 일정 수 이상의 인원이 속해 있는 조직에서는, 예비를 포함하여 어느 정도 정해진 수량의 장비를 조달해야만 한다. 장비는 손상이 되거나 없어져서 그 숫자가 줄어드는 일을 피할 수 없기 때문에, 너무 많이 줄어서 "정해진 숫자를 밑도는 상황(정원 이하)"이 발생 하지 않도록 정해진 수량보다 많이 준비를 해둘 필요가 있다.

인원이 100명인 조직에서 100명 분의 장비 밖에 없는 경우, 장비의 숫자가 줄어든 순간 임무 를 수행 할 수 없게 된다. 예를 들어 야전복의 경우, 인원이 100명이라면 150벌의 옷을 준비해 두고 소모에 대비할 필요가 있다. 그리고 150벌에서 130……120……으로 줄어들어 100벌을 밑 도는 일이 있기 전에, 추가분의 야전복을 발주한다.

여기서 줄어든 분량인 50벌 만을 추가로 발주하는 방법도 있지만, 맨 처음의 150벌이 구식 이 되었거나 낡아 빠진 경우에는, 150벌 전부를 한번에 재발주 하여, 전체를 바꾸는 방법이 있다(이러한 방법은 효율이 좋지 않지만, 납품업자가 매우 좋아하기 때문에 많이 이용된다).

이러한 경우 지금까지 사용하였던 110벌의 야전복은 잉여품이 된다. 후방지원에 종사하 는 부대로 돌리기도 하지만, 대부분은 장비를 납품하는 업자가 인수하여 민간시장에 매각한 다. 이러한 장비를 「잉여군수품(서플러스surplus)」 이라 부르며, 일정한 시장을 형성하고 있다.

밀리터리 서플러스는 제2차 세계대전 당시의 장비와 같은 클래식한 것부터, 현재 사용되는 장비(혹은 그 모조품)까지 그 종류가 다양하다. 생산수가 적은 장비는, 시계나 자동차와 같은 일반적인 수집품과 같이 가치가 급등한다. 또한 **레이션**과 같은 식료품 종류가 잉여군수품으 로 시장에 나오기도 하지만, 이러한 경우는 대부분 유통기한이 지나거나 얼마 남지 않은 것이 기 때문에 주의를 필요로 한다.

부정 유출이 아니다

> ### 잉여군수품 = 방출품

● 군대와 같은 조직에서는······

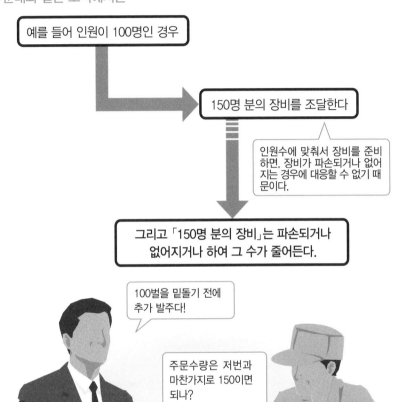

예를 들어 인원이 100명인 경우

150명 분의 장비를 조달한다

인원수에 맞춰서 장비를 준비하면, 장비가 파손되거나 없어지는 경우에 대응할 수 없기 때문이다.

그리고 「150명 분의 장비」는 파손되거나 없어지거나 하여 그 수가 줄어든다.

100벌을 밑돌기 전에 추가 발주다!

주문수량은 저번과 마찬가지로 150이면 되나?

OKOK!
자 그럼 지금까지 사용했던 것은 어떻게 해야 하나······

> ### 그리하여 잉여 장비가 민간에 매각되어
> ### 「잉여군수품(서플러스surplus)」으로 유통된다.

원포인트 잡학상식

기지 가까이에는 방출품을 취급하는 「서플러스 샵」이 많이 있다. 이러한 상점에는 피복이나 군용 장비뿐만 아니라, 레이션과 같은 식량도 많이 있다.

밀 스펙은 군용 JIS규격인가?

밀 스펙이란 미군에서 사용되는 물품에 대한 「사양」을 가리킨다. 병기나 장비뿐만 아니라 잡다한 물건 등 모든 것에 있어서, 재질, 형태, 사이즈, 제작 방법 등이 엄격하게 정해져 있다.

● 하이 퀄리티의 대명사

밀 스펙이란 군용품을 개발하거나 조달하는데 있어 관련된 규격과 사양을 가리키는 것이다. 미군의 군사시설에 이용되는 모든 물품은, 이러한 사양에 의거하여 설계되고 개발된다.

군에서 사용하는 물품에는, 일반생활에서 사용하는 물품과는 다른 기준이 요구되기도 한다. 그것은 내구성이거나, 성능한계 등 여러 가지 이지만, 군대가 활동하는 환경─작열하는 사막이나 극한지대, 열대 우림 등─에서 사용되는 것을 고려하면, 엄격한 기준이 요구되는 것은 어쩔 수 없는 것이다.

즉 JIS규격(일본의 공업규격표준, 한국은 KS)과 같은 기준이 시민의 「일반적인 생활권」을 대상으로 하고 있는 것에 비하여, 밀 스펙의 경우는 「군대가 행동하는 가혹한 환경」에 놓이더라도 100% 성능을 발휘할 수 있는 기준치 인 것이다. 광고에서 「군용 밀 스펙을 기준으로 설계하였다」라던가 「밀 스펙 합격품」과 같은 광고문구를 보는 경우가 있으나, 이것은 가혹하게 취급하는 군용품 규격검사─엄격함 심사에 합격했다는 의미로 사용되고 있다.

「군용 JIS규격」과 같은 의미를 가지고 있는 것에는 「MIL규격(밀 스탠다드 Military Standard」이라는 것이 있다. 이것은 계측이나 비교검토가 가능한 "평가기준"을 가리키는 것으로, "방법"을 정해 놓은 밀 스펙 과는 다른 형태로 운용된다.

밀 스펙이나 밀 스탠다드와 같은 규격은, 전문성이 높은 항공기나 전자장비뿐만 아니라, 구두나 **모자**와 같은 피복, **통조림**이나 연필깎이와 같은 생활사무용품에 이르기 까지 여러 가지 물품에서 사용된다. 그러나 이러한 방식은 가격적인 면에서 효율이 좋지 않고, 불필요한 높은 스펙이나 의미 없는 검사방법 등이 관습으로 계속 이어지게 되었다.

지금은 불필요한 밀 스펙을 단계적으로 폐지하고, 밀 스펙이 필요한 물품 역시 「과정」이 아닌 「결과」를 중시한 내용으로 변경되고 있다.

「밀 스펙 합격품」⋯⋯?

> **밀 스펙이란⋯⋯**
> Military Specification = 군용품의 개발/조달에 관한 사양서를 가리키는 말이다.

JIS규격 ➡️ 일반 시민생활이 이루어지는 범위가 대상.

밀 스펙 ➡️ 군용품으로서 혹서나 극한과 같은 여러 가지 극한환경에도 견딜 수 있도록 상정한 것.

민간시장에서는 | 극한환경에서도 견디는 하이 퀄리티 제품!

⋯⋯과 같은 의미로 사용되기도 한다.

군대 안에서는

항공기　전자기기　피복　통조림　사무용품

과 같은 여러 가지 물품에 적용된다.

그러나

「군대라도 민간에서 사용하는 것과 다르지 않는 것」까지 밀 스펙으로 만들어져, 돈이 들어가고 번거롭게 되었다.

「밀 스펙 개혁」이란 이름으로 여러 가지가 재검토 되어, 많은 민수품이 장비로 사용되게 되었다.

원포인트 잡학상식

밀 스펙은 물품뿐만 아니라, 군에서 이루어지는 「서비스」등에도 적용이 된다.

규격에서 벗어난 장비는 어느 선까지 용서가 되는가?

군대에서는 무기나 장비의 생산과 보급, 훈련의 효율화와 같은 관점에서 「장비를 통일시키고 규격화」하는 것이 기본이다. 그러나 기록사진 등을 보고 있으면, 많은 사람들 가운데 1명만 다른 장비를 착용하고 있는 경우도 어렵지 않게 발견 할 수 있다.

● 색다른 장비와 옛날 장비

기본적으로 군대라는 것은 "통일 규격"으로 움직이기 때문에, 1명만 다른 무기나 장비를 착용하는 것은 엄격하게 금지하고 있다. 사제 권총을 들고 오거나, 특수 주문한 **헬멧**이나 **보디 아머**를 착용하는 것은 있을 수 없는 일이다.

그러나 여기에도 예외는 있다. 전장이나 전국에 있어서 필요한 장비를 준비하였지만, 여러 가지 이유로 군이나 부대에서 미처 다 그 장비를 입수하지 못하는 경우이다.

제2차 세계대전 종반에는 각국이 모두 물자 결핍이 두드러져서, 정규품 이외의 물품을 장비하고 있는 경우도 많이 볼 수 있었다. 통일된 규격으로 행동을 하고 싶은 마음은 굴뚝 같지만, 그렇게 하기에는 장비의 숫자를 맞출 수가 없었다. 현장이 혼란한 이유도 있어서, 생산이 중지된 장비나 외국제 장비 등이 혼재하게 되었다.

베트남 전쟁 때도 「정글이나 터널에서의 전투에서 신출귀몰한 베트콩과 싸우기 위해서는 샷건이 유효하다」라고 생각하였으나, 즉시 조달을 하지는 못하였다. 이 때 병사들은, 자신의 집에서 사제 샷건을 챙겨서 베트남으로 향하였다.

또한 군의 장비가 아닌 것을 사용(착용) 하더라도, 부대행동에 지장이 없다면 묵인되는 경향이 있다. 예를 들어 사제 나이프와 같은 경우도, 지급된 **총검**(군용 나이프)을 허리에 잘 차고 있다면 몰수되는 일은 발생하지 않는다. 컴퍼스나 라이터와 같은 소소한 물품에 있어서도 「지급품 이외는 사용금지」라고 하는 군대를 본 적이 없고, 대부분 사제를 이용한다.

결론은 규격과 다른 물품이 「이기기 위하여」필요한 것이라고, 상층부에서 판단하면 문제가 없는 것이다. 사기고양을 위한 오리지널 부대 문장이나 **베레모**와 같은 특이한 장비를 예외로 인정하거나, 병사들이 헬멧이나 차량 등에 페인트로 쓴 「뒈져라ㅇㅇ」과 같은 슬로건이 묵인되는 것도 이러한 부류에 속한다.

다른 사람과 다른 장비

● 병사들의 장비는 「동등하게」 모두가 똑같다?

통일 규격으로 만들어 놓지 않으면 보급이나 수리, 훈련과 같은 면에서 문제가 생기기 때문이다.

그러나 부대 안에서도 장비가 다른 몇 명이 존재한다.

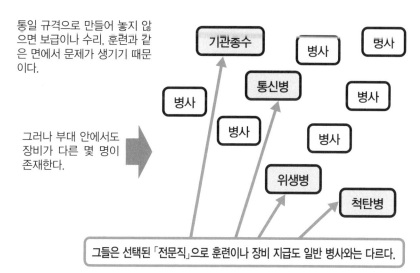

그들은 선택된 「전문직」으로 훈련이나 장비 지급도 일반 병사와는 다르다.

정규전에서는 장비를 통일 시켜서 싸워주기 바란다.

군대끼리의 전쟁에서는 집단의 전투력이 중시된다. 지휘통솔이나 부대간의 연계와 같은 관계에 있어서, 장비의 규격화나 통일성이 요구된다.

그러나……

비정규전(게릴라전)에서는 어느 정도의 자유를 인정하마.

게릴라전 에서는 개인의 전투능력에 기대하는 것이 크다. 이 때문에 개인이 자신의 능력을 발휘하기 쉽도록 다소의 편의를 꾀하는 경우가 있다.

「혼자서 다른」장비가 허용되는 경계선 이란……
● 「전쟁에서 이기기」위하여 유효한 것인가?
● 다른 병사나 부대에 악영향을 끼치지 않는가?
이러한 점을 종합적으로 고려하여, 상층부가 판단한다.

원포인트 잡학상식
픽션의 경우 「시청자가 등장인물을 쉽게 구분하기 위한」 방법으로 색다른 장비를 착용하는 경우가 많다.

OD나 카키색은 어떤 색인가?

육군의 트럭이나 야전복은, 초목이나 수목에 가까운 색으로 되어 있는 것이 많다. 이것은 싸우는 장소에 맞춰서 이러한 색으로 되어 있는 것 이지만, 같은 색이라도 「OD」나 「카키」와 같은 여러 가지 이름으로 불리고 있다.

● 갈색과 같은 녹색과, 갈색이 들어간 노란색

OD란 「올리브 드랍 Olive Drab」의 약자로서, "살짝 갈색이 들어간 어두운 올리브 그린"이나 "올리브 색이 들어간 갈색"으로 표현된다.

카키는 「흙먼지」를 의미하는 말로, 일반적으로 "갈색이 들어간 노란색"에 사용된다. 육군의 군장색이란 의미로 사용되는 경우도 많지만, 19세기 중반, 식민지 인도에 주류하는 영국군이 흰색 계통의 하복이 더러워지더라도 눈에 띄지 않도록 현지의 흙을 사용하여 물들인 것에서 「군장색 = 카키」라고 부른 것이 그 이유라고 한다.

그리고 "흙먼지" 보다 「군복의 색상」이라는 의미로 사용되는 경우가 많아진 카키라는 말은, 주황색에 가까운 것부터 짙은 녹색에 가까운 색상에까지 폭넓게 사용이 되었다.

미군에서는 1900년대 초반에, 제복의 색상이 청색에서 변경될 때부터 OD색을 사용하게 되었으나, 제1차 세계대전 무렵까지 OD색은 「카키색」이라고 불렸기 때문에, 색의 정의가 혼란되었다.

OD색은 「검정과 노랑」이나 「갈색과 녹색」과 같은 도료를 1:1정도의 비율로 섞어서 만든다. 적은 숫자의 페인트로 만들어 낼 수 있는 점과, 적은 숫자의 페인트로 만드는 것 치고는 위장효과가 좋았던 점에서, 베트남 전쟁 때까지 미군의 야전복을 시작으로 지프나 트럭의 도장에도 많이 사용되었다.

제2차 세계대전 때의 일본군도 카키색 계통의 군복이 사용되었다.

그러나 일본의 색조는 독특하여, 메이지39년(1906년)에 채용된 카키색 帯赤茶褐色은 한반도나 중국대륙의 붉은 흙색이기 때문에 서구의 카키색 보다 붉은 색이 강하다. 또한 「국방색」이라고 불리는, 타이쇼9년(1920년)이후의 것에 사용되는 카키색 帯青茶褐色은 "황토색에 가까운 색"으로 되어 있어, 흔히 말하는 카키색과는 색감이 다르기 때문에 주의할 필요가 있다.

말하자면 군대색

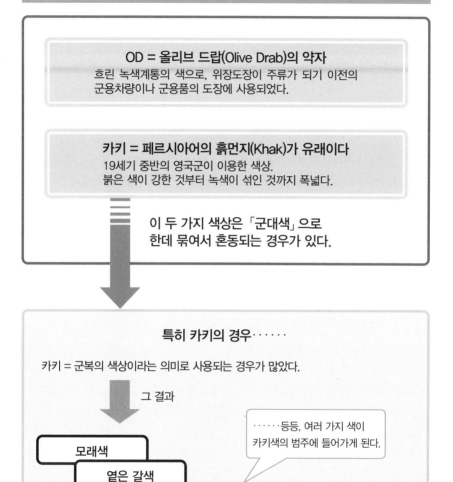

OD = 올리브 드랍(Olive Drab)의 약자
흐린 녹색계통의 색으로, 위장도장이 주류가 되기 이전의
군용차량이나 군용품의 도장에 사용되었다.

카키 = 페르시아어의 흙먼지(Khak)가 유래이다
19세기 중반의 영국군이 이용한 색상.
붉은 색이 강한 것부터 녹색이 섞인 것까지 폭넓다.

이 두 가지 색상은 「군대색」으로
한데 묶여서 혼동되는 경우가 있다.

특히 카키의 경우……

카키 = 군복의 색상이라는 의미로 사용되는 경우가 많았다.

그 결과

모래색
옅은 갈색
황토색
베이지색

……등등, 여러 가지 색이
카키색의 범주에 들어가게 된다.

카키 계통과 같이 비교적 눈에 띄지 않은 색을
「어스 컬러(earth color)」라고 부르기도 한다.

원포인트 잡학상식

육상자위대에서는 「OD색」이 표준색으로 사용되고 있다. 지프나 트럭 등에 이러한 색이 도장되어 있으며 수송기나 헬리콥터는
갈색과 검은색이 조합된 위장도장이 되어 있다.

위장 도장의 요령이란?

카무플라주란 적의 눈을 속이기 위하여, 차량이나 항공기 등에 주변의 색상과 같은 색을 칠하거나, 병사나 총에 나뭇잎을 붙이거나 진흙을 발라서 발견되기 어렵게 하는 것이다. 위장이나 미채를 의미하는 말로, 프랑스어가 어원이다.

● 차량이나 항공기의 카무플라주 도장

병사 개인은 주변과 동화되기 쉬운 색의 옷을 입거나, 얼굴이나 목과 같이 살갗이 드러나는 부분에 녹색이나 갈색과 같은 색의 「도란(Dohran 화장품의 일종)」을 바르는 것으로 위장을 한다.

위장의 개념은 카멜레온과 같이 「보호색」을 이용하는 것이 기본이다. 즉 사막이라면 모래색, 숲에서는 갈색이나 녹색을 사용하여 주변 배경에 녹아 들어가려는 사고방식이다. 한 가지 색만 사용하는 「단색위장(단색도장)」이라도, 전장이 되는 지역의 색에 가까운 것이라면 위장효과가 있다.

지상을 이동하는 차량이나 하늘을 나는 항공기 역시, 지역에 맞춘 색을 칠하는 것으로 위장효과를 기대할 수 있다. 예를 들어 항공기의 경우, 정글을 비행하는 기체에는 녹색을, 바다 위를 비행하는 기체에는 파란색이나 은색을 도장하는 것 만으로도 상당한 효과를 발휘한다. 그러나 같은 「녹색」이라 하더라도 미국의 녹색(=식물 집단)과 유럽의 녹색은 색상 차이가 있기 때문에, 지역에 따라 색조를 바꾸는 것이 바람직하다고 여겨진다.

단색위장에 비하여, 흔히 말하는 「분할위장(위장도장)」은 조금 복잡하다. 분할위장은 2색~4색정도의 도료로 모양(패턴)을 그리는 것으로, 이 패턴에도 「불규칙하게 그려야 한다」, 「대상물의 모서리나 선을 걸치듯 그려야 한다」, 「윗부분을 어둡게, 아랫부분을 밝은 색으로 칠해야 한다」와 같은 규칙이 정해져 있다.

이러한 위장도장의 목적이 "대상물의 외형을 두리뭉실하게 만들어서, 멀리서 볼 때 형태를 인식하기 어렵게 만드는" 것으로, 위장 패턴이 모서리나 선에서 멈추어 버리면, 오히려 그 부분이 강조되기 때문에 이와 같은 규칙이 정해져 있다.

또한 자연물은 빛을 위에서 받으면 난반사가 되어 윗부분은 밝아지고, 밑부분은 그림자에 의하여 어두워 지는데, 위장을 통해 이것을 반대로 만들면, 형태를 인식하기 어렵게 만드는 효과도 기대할 수 있다.

위장 = 카무플라주

위장도색이란 = 적의 눈을 속여서 발견되기 어렵게 하도록 하는 도장을 의미한다.

즉 「보호색」과 같은 것으로, 주위의 풍경에 녹아 들어가는 것으로 적에게 쉽게 발각 되지 않는 효과가 있다.

주로 지상부대나 항공기, 건축물에 사용된다.

단색위장

분할위장

전투복이나 개인장비

위장복이나 전차

위장도장(분할위장)을 효과적으로 하기 위해서는

● 패턴(모양)은 불규칙하게 그려야 한다.
● 모서리 부분에서 색이 끊기지 않도록 한다.
● 윗부분을 어둡게, 밑부분을 밝게 칠한다.

대상물의 외형을 두리뭉실하게 만들어서, 멀리서 볼 때 형태를 인식하기 어렵게 만들기 위한 목적이다!

원포인트 잡학상식

위장은 자신의 크기나 이동속도, 진행방향 등을 알기 어렵게 만들어, 적이 명중시키기 어렵게 만드는 효과도 있다.

위장색은 녹색이나 갈색만 있는 것이 아니다?

위장복이나 위장도장에 사용되는 "위장"은, 보는 사람의 눈을 속이기 위하여 녹색이나 갈색, 검은색과 같은 색상이 얼룩무늬로 되어있다. 그러나 위장은 본질은 「눈에 띄지 않게 하는」것이기 때문에, 반드시 위장 = 녹색계열은 아니다.

● 배경(환경)의 숫자만큼 위장이 존재한다

일반적인 인식으로는, 위장이라 하면 "녹색이나 갈색 얼룩무늬"일 것이다. 전쟁영화나 보도사진에서도 이러한 무늬를 보는 기회가 많은 것도 있지만, 이러한 위장은 주로 삼림지대에서 행동할 때 위장이며, 단순하게 「위장」이라 한다면 녹색 이외에도 여러 가지 색이 사용된다.

겨울이 되면 사방이 눈밭이 되는 유럽에서는 「동계위장」을 한다. 배색은 흰색과 회색, 검은색이 기본으로, 방한용 군화 커버나 **장갑**, 동결방지를 겸한 라이플 커버에 위장을 하였다.

중동이나 아프리카의 사막에서는 「사막위장」이 채용되었다. 불그스름한 노란색이나 황갈색(TAN)과 같은, 색감이 다른 모래색을 조합한 것으로, 제2차 세계대전 때 영국군의 경우에는 차량에 핑크색이 들어간 사막위장을 하기도 하였다.

이러한 위장의 색감이나 패턴은, 행동예정지역의 지형이나 식생에 따라 고안된다. 예를 들어 러시아의 겨울과 일본의 겨울과 같은 경우에는, 나무가 자라나 있는 정도나, 나뭇잎의 형태, 색감 등이 다르다. 그렇기 때문에 같은 「동계위장」이라 하더라도, 상당한 차이를 보인다.

위장은 지상의 인원이나 장비 이외에도 효과가 있다. 항공기에 처리된 「제공위장」은 회색계통의 색을 기체 중심에서 선을 향하여, 색상을 서서히 옅게 도장하는 방법으로, 하늘에 기체를 녹아 들게 만드는 효과가 있다. 「해상위장」은 청색 계통의 색을 기체의 중심에서 선을 향하여 서서히 옅게 도장하는 방법으로, 상공에서 본 경우 바다와 기체를 구분하기 어렵게 만드는 효과가 있다.

예전의 제로센이나 그라만과 같은 전투기는 기체 윗면을 녹색이나 청색으로 도색하고, 밑면을 흰색이나 은색으로 칠하였었다. 이 역시 적기가 위쪽에서 붙은 경우에는 숲이나 바다와 구분하기 힘들게 만들고, 밑에서(지상부대나 함포 등) 적이 노릴 경우에는 하늘과 구분하기 힘들게 만드는 효과를 기대하고 위장한 것이다.

여러 가지 위장도색

> 위장의 본질은 「눈에 띄지 않게」하는 것이기 때문에 사용하는 색상이
> 녹색뿐만은 아니다.

●예를 들면······

| 동계위장 | = 흰색이나 회색을 기본색으로 위장을 한다.
장비의 동결방지도 겸한다. |

| 사막위장 | = 색감이 다른 모래색(불그스름한 노란색이나
황갈색 등)을 조합한 것. |

> 이러한 위장은 지역의 기후나 식생에 따라 색감이 달라지기
> 때문에, 각각의 군대가 활동하는 지역에 따라 색상이 미묘
> 하게 다르다.

●항공기의 위장도장

현대에는 청색이나 회색을 사용하여, 기체의 중심에서 선을 향하여
색조를 변화시키는 것이 주류이다.

| 해상위장 | 제공위장 |

> 바다와 기체를 구분하기 어렵게
> 만들어서 해상전을 유리하게 이끈다!

> 하늘과 기체를 구분하기 어렵게
> 만들어서 공중전을 유리하게 이끈다!

원포인트 잡학상식

전함이나 순양함과 같은 전투함의 배색이 회색인 것도, 해상에서 눈에 띄지 않게 하기 위한 것이다. 예전에는 홀수선에 따라 색조를
변화시키기도 하였으나, 효과가 그렇게 크지 않은 것과 거대한 크기로 인한 고비용이 원인으로 현재는 위장도장을 하지 않는다.

군용문자는 스프레이로 쓴다?

보급물자가 들어가 있는 나무 상자나, 기관총의 탄약이 들어가있는 탄약상자의 표면에는, 특징적인 알파벳 문자로 안에 들어 있는 내용물에 대해 적혀있다. 이 문자 들을 손으로 적은 것 같지는 않아 보이는데, 어떻게 쓴 것일까?

● 같은 문자를 효과적으로

군수물자나 군용차량 등에 있는 특징적인 알파벳이나 숫자는 「스텐실」이라 불리는 방법으로 칠해진 것이다.

스텐실이란 스프레이 도장 기법 중 하나로, 알파벳이나 숫자에 맞춰 잘라낸 종이를 칠하고 싶은 부분 위에 놓고, 위에서 스프레이를 뿌리는 것으로 「잘라낸 형태에 따라 도료가 도색이 되어 문자가 완성되는」것이다.

붓으로 쓰거나 스프레이로 직접 글자를 쓰는 방법이라면, 문자의 형태가 고르지 못하여 읽기 어렵거나 읽지 못하는 경우가 발생할 수 있다. 그러나 스텐실 방법이라면, 짧은 시간 안에 간단하게, 게다가 같은 퀄리티의 문자를 대량으로 찍어낼 수 있다.

본을 떠 만든 종이는 알파벳 1문자 단위가 기본으로, 임의로 조합하여 문자나 문장을 만들수 있다. 「물자가 들어있는 상자에 어떤 내용이 적혀있는가」는 대량의 물자를 관리해야 할 필요가 있는 조직에 있어서는 매우 중요한 문제로, 문자를 효율적으로 찍어낼 수 있는 스텐실이란 방법은 군대에서 사용하기 매우 적합한 방법이다.

본으로 이용하는 종이는 말 그대로 「두꺼운 종이(오일 코트지)」나, 얇은 플라스틱을 사용하여 만드는 간단한 것이 많다. 이러한 종이는 얇으면서 어느 정도 구부릴 수 있기 때문에, 곡면 부분에 글자를 찍어내는 경우에 편리하게 사용할 수 있다.

또한 스텐실의 본이 금속으로 되어 있는 것도 존재한다. 금속 플레이트의 경우 대부분이 황동으로 되어 있기 때문에, 두꺼운 종이와 같이 어느 정도 사용하면 교환 해주거나 할 필요도 없다.

페인트의 색상은 흰색이 일반적 이지만, 「주의!」라던가 「위험물」과 같은 내용일 경우에는 빨간색이나 노란색 등의 색상을 사용하는 경우가 있다. 스프레이를 뿌릴 때에는 종이 바로 위에서 뿌리지 않으면, 잘린 부분과 칠할 대상 사이의 작은 틈 사이로 도료가 들어가기 때문에, 경계선이 흐려지는 경우가 있으므로 주의를 해야 한다.

본을 따서 자른 종이에 스프레이 페인트

비품의 번호나 부대의 약칭과 같은 군용문자는 「스텐실」을 사용하여
스프레이 페인트로 찍어내는 경우가 많다.

금속이나 두꺼운 종이로 만들어진 「문자나 숫자를
잘라낸 것」을 테이프로 연결하여…

스프레이를 뿌리거나 페인트
솔로 칠한다.

● 스텐실의 장점
　　● 짧은 시간에 간단하게, 같은 퀄리티의 글자를 대량으로 찍어낼 수 있다.

문자 디자인 예시

A B C D E F G H I J K L M N

O P Q R S T U V W X Y Z & '

0 1 2 3 4 5 6 7 8 9 . . - .

원포인트 잡학상식

스프레이를 뿌릴 때는 밑바탕에 은색이나 회색을 미리 칠해두면 발색이 좋아진다. 도료는 한번에 전부 뿌리지 않고, 2~3번에
나누어서 겹쳐서 뿌리는 것이 포인트이다.

병사 전원이 권총을 장비하는 것은 아니다?

병사들의 주무기는 사정거리가 긴 라이플이다. 현재는 연발기능이 장착되어 있는 어설트 라이플이 주류이지만, 탄약이 떨어지거나 고장이 났을 경우를 대비한 예비 무기로서 항상 허리에 권총을 장비하고 있다……는 것이 반드시 맞는 것은 아니다.

● 권총은 전장에서 별로 도움이 되지 않는다

전장에서 목숨을 걸고 싸우는 병사들이 느끼기에는, 무기는 많으면 많을수록 좋은 것이다. 라이플이 고장을 일으키거나 탄약이 떨어진 경우에 사용할 수 있는 권총이 있다면, 반드시 장비하고 싶어 하는 것이 사람마음이라 할 수 있겠다. 그러나 많은 군대에서는, 일반병사에게는 권총을 장비시키지 않는다.

이것은 권총이란 총기를 「군대에서 사용하기에는 사정거리가 짧다」라고 생각하기 때문이다. 보병의 주력병기인 어설트 라이플의 전투거리는 짧아도 400m전후여서, 전쟁에서는 이 정도 거리에서 서로 사격을 하는 것이 전제되어 있다.

권총의 경우는 이보다 전투거리가 훨씬 짧아서, 대략적으로 보더라도 기껏 해봐야 50m정도 밖에 되지 않는다. 게다가 권총은 라이플과 같이 명중정밀도를 높여주는 긴 총열도, 총을 제대로 고정시켜주는 개머리판도 표준으로 장비되어 있지 않다.

극도의 긴장감에 눌린 총격전에서 "권총의 유효사정거리"는 7m정도로, 충분한 훈련을 받은 사람이라도 명중시키기 어렵다고 여겨진다. 군인은 싸우기 위하여 급료를 받으니까, 제대로 명중시키기 위하여 훈련을 하면 되지 않는가 라는 그럴 듯한 논리도 있으나, 군 상층부에게 있어서는 「위력도 별로이고 사정거리도 매우 짧은 권총을 사용하기 위한 훈련」을 일부러 시키고 싶지 않다는 이유도 있다.

즉, 그럴 시간이나 돈이 있으면, 주무기인 라이플의 훈련을 하는 편이 더 좋다는 것이 군대에서는 일반적인 사고방식이다. 무엇보다 병사 1명한테까지 예비 무기를 줄 정도의 금전적인 여유가 있다면, 차라리 그 돈으로 다른 병사를 육성해서 부대수를 늘리고, 군 전체의 규모를 키우는 편이 합리적이다 라고 생각하기 때문이다.

대부분의 일반 병사들은 여러 가지 이유로 라이플을 사용할 수 없게 된 경우, 지급받은 **총검**이나 자기가 가진 나이프를 최후의 무기로 삼아 싸우—는 경우는 거의 없어서, 대부분이 도망가거나 투항을 하는 선택을 한다.

병사와 권총

「전선」과 「후방」의 사고방식이 다르기 때문에······

전선병사의 의견

사용할 수 있는 무기는 많을수록 좋다.

만약의 경우, 주무기인 총이 고장이 날 경우에 보험도 되고······.

원래 적이 가까이 오면 위험하잖아!

권총을 능숙하게 사용하려면 많은 훈련이 필요하다. 우리 군의 라이플은 발군의 성능을 자랑하니, 라이플로 싸워주기 바란다.

간부의 고견

권총은 파워도 부족하고 사정거리도 짧다. 어차피 맞지도 않는 무기를 장비시킨다고 좋을 일이 있는가?

물론 전쟁의 규모나 성질(제2차 세계대전과 같은 총력전인가, 이라크전과 같은 한정적인 전쟁인가), 투입되는 병사의 훈련완성도 등에 따라 권총의 지급률은 변한다. 일반병사라고 해서 반드시 권총을 소지하지 않는 것도 아니다.

원포인트 잡학상식

안전지대에 있는 일이 많은 지휘관이나, 좁은 장소에 들어가 있는 전차병이나 차량, 항공기의 승무원, 특수부대의 대원들은 권총을 휴대하기도 한다.

군인은 모두 도그태그를 착용한다?

도그태그의 원형이라 불리는 인식표는, 이미 남북전쟁 시대부터 사용되었다. 처음에는 동전과 같은 원반형태를 하고 있었으나, 제 2차 세계대전 때에는 지금과 같은 모양으로 만들어 졌다.

● 전사자의 신원 확인용 태그

　도그태그(Dog tag)는 병사들이 몸에 지니는 인식표로, 미군에서는 일반적으로 2장 1세트의 플레이트 형태로 되어있다. 이것을 목걸이처럼 걸고 다니는 모습이 "개의 감식표"를 방불케 하는 점에서, 언제부터인가 「도그태그」라고 불리게 되었다.

　시대나 군의 종류에 따라 다소 차이가 있기는 하지만, 도그태그에는 이름과, 개인을 식별하는 숫자(인식번호나 사회보장번호), 혈액형, 종교와 같은 정보가 각인되어 있다. 제2차 세계대전 때 사용되던 오래된 것에는 파상풍 예방접종 시기나, 근친자의 이름이나 주소지 등이 타각되어 있었다.

　2장의 태그에는 같은 내용이 타각되어 있다. 같은 것을 두 장 목에 걸고 다니는 것은, 전사했을 때, 동료가 1장만 가지고 귀환하여 상관에게 전사보고를 하기 위함이다. 즉 전장에서 병사의 시체를 발견한 경우에, 만약 태그가 2장이 있다면 미확인 시체이고, 1장만 있다면 전사 신고가 끝난 시체라는 것이다.

　전장에서 사체가 항상 원형을 보존하고 있다라고 할 수는 없지만, 어느 쪽이던 1장의 태그가 남아 있다면 신원을 판별할 수 있다. 전사체의 신원확인용이기 때문에, 평시에 외출하는 군인이라고 해서 반드시 도그태그를 착용하고 있는 것은 아니다(물론 그러한 규칙이 있는 군대라면, 착용하고 있을 수도 있다).

　미군의 구형 태그나 자위대의 인식표의 끝 부분에 홈이 파져 있어서, 이 부분을 이빨에 걸어서 시체의 입을 여는데 사용한다. 또한 인식표가 반드시 「2장 1세트」인 것은 아니어서, 1장의 플레이트로 완결이 되는 인식표도 있다.

　이러한 타입의 물건은 중앙에 절취용 홈이 파져 있어, 홈을 기준으로 밑부분을 접어서 떼어낼 수 있게 되어있다. 위 아래 같은 내용이 타각되어 있는 것은 2장 1세트의 인식표와 마찬가지이기 때문에, 밑 부분만을 떼어내 가져가서 보고를 하는데 사용한다.

도그태그

> ### 도그태그 (Dog tag) = 인식표를 의미하는 은어
> 원래 명칭은 「Identification tag (아이덴티피케이션 태그)」.

군대에서 병사의 개인식별에
사용된다.

● 예 : 미군의 인식표

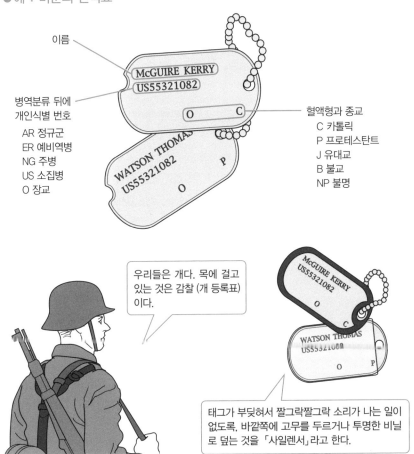

이름

McGUIRE KERRY
US55321082

병역분류 뒤에
개인식별 번호

AR 정규군
ER 예비역병
NG 주병
US 소집병
O 장교

혈액형과 종교
C 카톨릭
P 프로테스탄트
J 유대교
B 불교
NP 불명

O   C

WATSON THOMAS
US55321082

O   P

우리들은 개다. 목에 걸고
있는 것은 감찰 (개 등록표)
이다.

McGUIRE KERRY
US55321082
O
C
WATSON THOMAS
US55321082
O   P

태그가 부딪혀서 짤그락짤그락 소리가 나는 일이
없도록, 바깥쪽에 고무를 두르거나 투명한 비닐
로 덮는 것을 「사일렌서」라고 한다.

원포인트 잡학상식

원형(코인형)의 인식표는 「Identity disc (아이덴티티 디스크)」라 불리는 경우도 있다. 제2차 세계대전 중의 영국군 병사는 절취용
홈이 파여있는 원형 플레이트를 목에 두르고 있었다.

중상을 입은 병사에게는 마약을 주사한다?

모르핀은 아편을 정제하여 만든 진통제이다. 뇌에 직접자극을 주어 통증 중추에 작용하는 것이 특징으로, 양을 조절 함으로서 외상부터 내장이 손상된 경우의 통증, 암 말기 증상에 이르기 까지 폭 넓은 단계의 통증에 대처할 수 있다.

● 아편을 원료로 하는「모르핀」

모르핀의 원료가 되는 아편은, 양귀비의 미숙한 열매에서 채취된다. 이것은 마약으로 유명하여, 강한 의존성이 있는 것이 특징이다. 같은 마약이라도「각성제」의 경우 "졸음이 달아나고 정신이 고양되는" 것과 같은 고양계 효과를 가지고 있지만, 모르핀이나 아편은 "만취감이나 부유감에 휩싸여서 무엇인가를 할 의욕을 잃어버리는" 것과 같은 반대의 작용을 일으킨다.

모르핀의 진통작용이란 통증 중추의 임무포기에 의해 얻어지는 것이다. 그 때문에 투약량이 너무 많은 경우에는, 통증 중추뿐만 아니라 심장이나 호흡까지 임무포기─마비시켜버리기 때문에 매우 위험한 상황이 된다. 또한 모르핀은 강력하지만, 어디까지나 진통제에 지나지 않기 때문에, 통증은 없애주더라도 상처를 치료하는 것은 아니다.

모르핀이 작용하여 혼수 상태 중에 (이것은「졸음」이라는 형태로 찾아온다) 병의 상태가 급격하게 변화하였을 때 자기신고를 할 수 없기 때문에, 모르핀을 투여한 사실을 제3자도 알 수 있도록 표식을 남길 필요가 있다. 표식은 어떤 것이든 상관이 없지만, 일반적으로 옷깃에 주사침을 꽂아두거나, 마커로 표시를 해둔다.

모르핀은 설파제와 같이 제2차 세계대전 때부터 사용되기 시작하여, 튜브용기에 주사침을 단 휴대주사기인「시레트」로 주입되었다. 주사 바늘의 길이는 약 1.5cm로 대퇴부나 엉덩이에 찔러 넣고 튜브에서 약제를 내보낸다. 혈관이나 근육에 주사를 하면 급속하게 약이 퍼져서 사고를 일으킬 가능성이 있기 때문에, 피하주사로 약제를 천천히 혈액으로 이행시킨다.

편리한 진통제가 없었던 시대에는「독한 술」을 대용으로 사용하는 경우도 적지 않았다. 환자에게 술을 마시게 하여 인사불성 상태로 만들고(신경을 둔하게 만들고), 이 때 이를 뽑거나 수술을 하기도 하였다. 그러나 알코올은 혈액의 순환 촉진작용을 하기 때문에, 출혈과다로 많이 사망하였다.

중상을 입은 병사들의 통증을 없앤다

주성분 모르핀
원재료 = 아편

아편은 양귀비 열매에서 채취할 수 있는
마약성 물질입니다. 의사나 위생병의 지
도아래, 용법과 용량을 지키면서 바르게
사용해 주십시오.

「각성제」와는 반대 효과를
가지는 흔히 말하는 　진통제

열매에 상처를 입혀, 그 상처에서 흘러
나오는 유액상태의 물질이 아편이 되고,
이것을 정제하면 모르핀이 된다.

어디까지나 「진통제」이기 때문에 상처를 치료하는 효과는 없다.

후방의 의료시설로 이송될 때까지 통증만을 없앨 뿐이다.

「시레트」로 대표되는
휴대주사기로 피하주사
가 된다.

**술 역시 진통제를 대신하여 사용되는 경우도 있으나,
혈액순환이 좋아지기 때문에 출혈 시에는 주의를 해야 한다!**

원포인트 잡학상식

헤로인은 모르핀을 화학적으로 변화시킨 물질이다. 작용이 매우 급격하고 쉽게 중독되기 때문에, 의료용으로는 사용되지
않는다.

위생병이 상처에 뿌리는 하얀 분말은 무엇인가?

옛날 전쟁영화 등에서, 위생병이 부상당한 동료의 상처에 하얀 가루를 뿌리는 장면을 볼 수 있다. 이것은 세균의 증식을 억제하는 「설파제」라 불리는 합성항균제로, 제 2차 세계대전에서는 미군이 대량으로 지급하였다.

● 정체는 화농예방제

전장이란 목숨을 걸고 싸우는 곳이기 때문에, 크고 작은 부상을 입는 일은 각오를 해야만 한다. 병사들은 각자 「메디컬 키트」나, 「퍼스트 에이드 키트」라 불리는 응급치료키트를 장비하고 있으나, 일반병사들이 들고 다니는 것은 붕대와 응급테이프, 화농예방약 등, 초기의 응급치료에 사용할 수 있는 물건에 지나지 않는다.

제2차 세계대전 중에 지급된 화농예방제의 대표격이라 할 수 있는 약이 설파제다. 설파제를 구성하고 있는 물질은 세균의 증식에 필요한 「엽산」과 매우 비슷하여, 뿌리면 세균이 엽산으로 오인을 한다. 그 결과, 세균의 증식을 억제하여 사멸시키는 것이다.

치료할 때는 상처에 설파제를 뿌리고, 그 위로 붕대를 대는 것이 일반적인 방법이었다. 키트에 부속된 붕대는 패드 형태의 「압축붕대」로서, 작게 나누어져 있고, 멸균처리 된 것이 포장되어 있다.

이와 같이 "상처가 바깥공기에 노출되지 않도록 싸서 세균감염을 방지하는" 역할을 하는 재료를 「드레싱재」라고 한다. 거즈나 붕대가 일반적이지만, 요즘은 ○○파스와 같은 파스 형태나, ○○랩과 같은 필름 형태의 드레싱재도 등장하고 있다.

지금은 응급치료 분야에서도 기술의 진보가 이루어지고 있다. 그 중에서도 획기적인 것이 「피브린_{fibrin} 붕대」의 등장이다. 이것은 세포활성제(피브린)가 들어간 패드를 상처에 밀착시키는 것으로, 세포의 활성을 도와주어 상처가 회복되기 쉽게 만들어 주는 것이다.

피브린(=혈액중의 섬유형소재)이란 성형수술을 할 때 조직접착에도 사용되는 말하자면 생체 접착제와 같은 것으로, 붕대의 드레싱 효과와 피브린의 세포활성효과의 합체로 인하여 치유의 속도를 높여 준다.

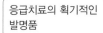

병사의 퍼스트 에이드(응급치료) 키트

**병사들에게 각각 지급된 응급치료 키트는 필요한 것이
최소로 들어가 있다.**

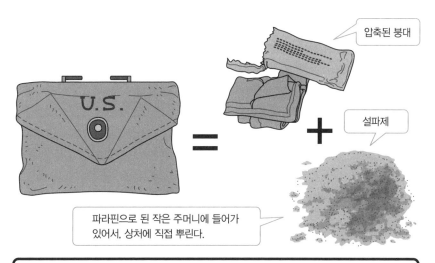

압축된 붕대

설파제

파라핀으로 된 작은 주머니에 들어가
있어서, 상처에 직접 뿌린다.

설파제는 세균의 증식에 필요한 「엽산」과 매우 비슷하다.
→세균 안에 들어가서 증식을 막는다.

응급치료의 획기적인
발명품

● 피브린붕대

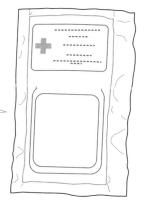

피브린으로 만들어진 거즈
패드. 손실된 조직을 대신해서
작용하기 때문에 효과적으로
지혈을 할 수 있다.

피브린 = 성형수술을 할 때 조직접착에도
사용되는 생체 접착제 이다.

원포인트 잡학상식

설파제는 주사나 먹는 것도 있으나, 페니실린과 같은 항생물질의 출현으로 인하여 지금은 없어졌다. 또한 전쟁영화에 나오는
것처럼 뿌려서 사용하는 것은, 물에 반응하더라도 피부염증을 일으키지 않는 특수한 것이다.

장비의 매뉴얼에는 어떤 것이 적혀있는가?

매뉴얼 따위 읽지 않더라도 「기계의 조작」이나 「일 처리 방법」을 이해할 수 있다면 얼마나 좋을까? 그러나 이러한 사항을 알려주는 든든한 선배가 없다면, 두껍고 이해하기 어려운 매뉴얼과 격투를 벌여야만 한다.

● 매뉴얼 제작은 미국인한테 맡겨주세요

눈이 돌아갈 정도의 문장 분량, 난해한 전문용어······. 매뉴얼이란 것은 읽는 것도 어렵지만, 만드는 쪽 역시 보통 힘든 것이 아니다. 적어 넣어야 할 사항은 많이 있는데, 이것을 한정된 공간 안에 이해를 시킬 수 있도록 만들어야 하기 때문이다.

원래 군대의 장비는 보수적이기 때문에, 대부분은 이전 모델의 개량형이다. 「완전히 새로운 컨셉의 신장비」이지 않는 이상, 누군가가 사용법을 알고 있는 경우가 많아서, 선배로부터 직접 조작방법이나 주의점을 배울 수 있다. 한 손에 매뉴얼을 들고 조작방법을 익혀야 하는 경우는 그렇게 많지 않다.

게다가 완성도가 낮은 매뉴얼은 내용도 쓸데없이 길어지기 마련이라, 「매뉴얼은 모르는 것이 있을 때 읽으면 된다」라는 취급을 받는다. 이것은 "어차피 처음부터 끝까지 읽어도 내용을 잘 모른다" 라는 달관에서 오는 것이지만, 매뉴얼을 필요한 부분만 골라서 읽는 것은, 나름대로 지식과 경험을 쌓은 사람에게만 가능한 것이다. 초심자로서는 "어떤 것을 모르는지 그 자체를 알 수 없기" 때문에, 알고 싶은 내용이 어디에 실려있는지 조차도 알 수가 없다.

이 문제를 해결하기 위해서는, 결국 「처음부터 차례차례 읽어야 하는」 타입의 매뉴얼로 작성 할 수 밖에 없다. 이 점을 받아들이고 철저하게 제작된 것이 미군의 매뉴얼이다. 전쟁이 일어나면 대량의 무기가 필요하게 되고, 동시에 대량의 기술자와 정비공을 양성해야만 한다. 전국이 불리해지면 그들도 전쟁에 차출될 수도 있고, 그렇게 되면 점점 인재부족이 심화된다.

요컨대 처음부터 「생초짜」를 대상으로 한 매뉴얼을 만드는 것으로, 숙련자까지는 아니더라도 "그럭저럭 쓸만한 능력"을 보유한 사람을 대량으로 만들어 내려 한 것이다. 또한 기술이나 노하우를 「구전」이 아닌 「서적」을 통하여 계승시키는 방법은(서적의 완성도에 따라 다르긴 하지만) 안정적으로 후계자를 육성 할 수 있기 때문에, 인적자원의 고갈과 같은 좋지 않은 상황에 잘 빠지지 않는다는 장점도 있다.

매뉴얼로 배우는 것도 그렇게 나쁘지는 않다

미군 매뉴얼의 특징은……

● 두해나 일러스트를 많이 사용하여 시각적으로 알기 쉽도록 제작하였다.

● 「반드시 해야 할 사항」, 「해서는 안될 사항」을 명확하게 써 놓았다.

● 내용을 순서에 맞춰서 설명하기 때문에 「흐름」에 따라 이해 할 수 있다.

이러한 높은 완성도를 자랑하는 매뉴얼을 대량으로 배포.

숙련자까지는 아니지만 그럭저럭 쓸만한 능력을 발휘할 수 있는 작업자를 대량으로 육성 할 수 있다.

게다가, 숙련자 1명을 육성하는 것보다 의훨씬 짧은 시간 안에 육성할 수 있다.

캐릭터의 대사로 설명을 하는 매뉴얼도 있다.

그 표현에는……

「How to otrip your baby」
(당신의 애인을 나체로 만드는 법)

구어체를 사용하거나 가까운 예를 들어, 농담이나 비유표현이 많이 사용되는 것이 특징이다.

원포인트 잡학상식

미국인의 매뉴얼에 대한 장인정신은 보통이 아니다. 베트남 병사를 대상으로 한 「M16」라이플 매뉴얼에서는 설명 역할을 하는 금발 누님이 아시아 계열의 아가씨로 바뀔 정도 이다.

밀리터리 아이템이 「화려하지 않고 튼튼하다」고 알려진 이유

일반인들이 밀리터리 아이템—군용품에 대해 가지고 있는 이미지란, 즉 "외관보다 기능성을 중시" 한 물품일 것이다. 단적으로 표현하자면 「화려하지 않고 튼튼하다」라는 말로 정리 할 수 있지만, 이러한 이미지를 가지게 된 가장 큰 이유는, 역시 군용품이 무엇보다 "탄탄하고 튼튼하기" 때문이다.

그렇다면 어째서 「탄탄」 하고 「튼튼」 하냐면, 그 이유는 군대라는 것이 "전쟁을 하기 위한 집단" 이기 때문이다.

전쟁이란 공격도 수비도 타이밍이 중요하다. 상황에 따라서는 장비를 전부 그 자리에 버리고 적을 추격하거나, 도망을 쳐야 할 때도 있으나, 버릴 가능성이 있다고 하더라도 재료의 질이나 내구성에 신경을 쓰지 않을 수는 없다. 오히려 "버리기 직전까지 최대로 기능을 발휘할 수 있는 장비를 요구" 하기 때문에, 일반적인 제품보다 높은 수준의 탄탄함과 튼튼함이 요구된다.

또한 군대는 전쟁을 하기 위한 집단이기는 하지만, 프로들이 모여있는 집단이 아니다. 특히 징집제를 채택하거나, 미군과 같이 대규모의 군대일 경우에는, 유사시에 신병교육이 인원 수요를 따라가지 못하는 경우도 발생한다. 이러한 상황에서는 고참병이나 숙련공만이 제대로 사용할 수 있는 장비를 전군이 사용할 수는 없기 때문에, 초보가 적당하게 만져도 부서지지 않게 설계된 장비가 채용되는 경우가 많아진다.

장비의 개발이나 채용에 있어서는, 여러 가지 정치적 상황의 영향을 받거나, 정관계나 재계의 물밑 거래가 미묘한 균형을 유지하면서 이루어지고 있기 때문에, 반드시 「그 시점에서 최고 레벨의 장비」가 채용되는 것 만은 아니다. 그러나 현장에서는 "최고의 성능" 이 아니라고 해서 클레임을 걸 수 있는 상황도 아니다. 조금 불편한 점이 있다 하더라도, 운용방법이나 사용방법 등을 연구하여 어떻게든 성능을 끌어낼 수 있는 가능성이 있기 때문이다.

그러나 「내구성의 부족」의 경우에는 위와 같은 이야기가 통하지 않는다. 장비가 고장이 나면 작전과 임무를 수행 할 수 없을 뿐만 아니라, 사용자의 목숨을 위협하는 일이 발생 할 수 있기 때문이다. 현장의 목소리도 커지게 되어, 상층부의 권력만으로 덮을 수 있는 것도 한계가 있기 때문이다.

장비의 개발에는 시간이 걸리고, 전선에 배치될 때에는 이미 시대에 뒤쳐지게 되는 경우도 적지 않다. 게다가 한번 결정된 사양을 변경하려면 막대한 비용과 시간이 들어간다. 그렇기 때문에 장비개발에는 문제가 잘 발생하지 않는, 무난하고 오소독스한 「견실한 설계」가 채용이 되는 경우가 많아진다.

단, 전쟁중인 경우에는, 평시와 같이 느긋하게 장비를 개발하고 있을 여유가 없다. 평소와는 차원이 다를 정도의 개발스피드로 새로운 장비가 등장하고, 또한 평소라면 허가가 나지 않을 정도의 실험적이고 야심적인 장비들도 쉽게 승인을 받는다. 사용할 때 마다 조절을 해야 할 필요가 있는, F1레이싱 카 정도로 손이 많이 가는 「시작형」이나 「시험형」과 같은 것이 만들어져서 운용 데이터가 축적된 결과, 비로소 사용이나 정비를 하는데 전문적인 기술이 필요하지 않는 「양산형(생산형)」이 만들어 진다. 그리고 생산라인을 탄 신장비는, 누구라도 쉽게 사용할 수 있으며 쉽게 부서지지 않는 「화려하지 않고 튼튼한」이라는 표현에 걸맞은 제품으로 완성된다.

제 2 장
유니폼

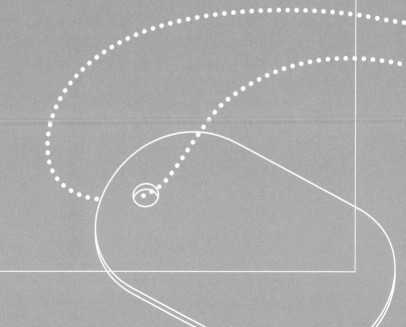

군복이란 무엇인가?

군복(Military Uniform)이란, 군대의 구성원—이른바 「군인」이 입기 위한 제복이다. 어느 시대이건 대부분의 군복은 절도가 있는 디자인으로 되어 있어서, 이 군복을 똑바르게 착용하는 것이 군인의 규범으로 정해져 있었다.

● 통일된 복장과 통일된 행동

군복—이른바 군대의 제복이란, 축구나 농구와 같은 스포츠 선수들이 착용하는 「유니폼」과 같은 발상으로 만들어졌다. 즉 적과 아군이 섞여서 싸우는 전장에서, 피아를 쉽게 식별하려는 것이 그 목적이다. 「자신과 같은 옷을 입고 있으면 아군, 그 이외는 적이다!」라는 것이 확실하게 잡혀 있다면, 같은 편을 공격하는 일이 없어지고, 적을 발견하기 쉬워진다. 또한 전원이 같은 모습을 하고 있는 것으로 동료의식이나 연대감이 생겨나서, 집단으로서의 능력이 향상되는 것도 스포츠 팀과 같다고 할 수 있겠다.

또한 군복은 「민간인과의 구별」이라는 의미에 있어서도 중요한 역할을 한다. 예전에는 "병역에 복무할 수 있는 권리"라는 것은 일부 특정계층의 특권으로 여겨졌고, 국민군이라는 발상이 생겨나서 "의무로서 병역에 복무하는" 시대가 되었어도, 징병된 부담이나 불만을 누그러뜨리기 위하여 병역에 복무하는 자에게 여러 가지 특권을 부여하는 일이 많았기 때문이다.

최전선의 병사들이 착용하고 있는 녹색이나 갈색으로 염색되어 있는 「야전복」이나, 얼룩무늬가 그려져 있는 **「위장복」**과 같은 전투복도 "유니폼이다"라는 의미로는 군복이라고도 할 수 있으나, 일반적으로는 라이플이나 헬멧과 같은 「전투장비」로 여겨져서, 평소에 착용하는 제복과는 다른 것으로 취급되는 경우가 많다.

전투복이건 제복이건, 군복의 구입은 자신이 직접 돈을 지불하는 것이 일반적이었다. 그러나 화포의 발달과 국민군의 탄생 등, 전쟁이 근대전으로 변하여 군대의 규모가 커지자, 실제로 전장에서 싸우는 하사관이나 병사(중사나 이등병과 같은, 흔히 말하는 말단)에게는 군복과 전투에 필요한 장비를 지급하게 되었다.

이것은 대여의 형태로 지급되는 것이기 때문에 전역할 때는 반환할 필요가 있으나, 국가에 따라서는 관리가 허술한 경우도 적지 않다.

유니폼

> ### 군복이란 「유니폼(uniform)」의 일종이다.
> 단일(uni)된, 모습(form) = 똑같은 복장.
> 어느 집단이 소속이나 신분은 다른 집단과 구별하기 위해 착용한다.

적과 구별

- ●군복의 디자인에 따라 어느 군대의 병사인가 명확하게 알 수 있다.
- ●적에 대한 위압효과
- ●색상이나 자세한 세부사항에 의하여 소속부대를 알 수 있는 경우도 있다.

민간인과 구별

- ●군복을 착용하는 것으로 「군인」이라는 지위를 명확하게 표시한다.
- ●민간인에게 권리를 행사할 때의 위압효과.
- ●남들이 군인으로 인식하는 것을 의식하게 만들어 자제를 하게 만드는 효과도 있다.

양쪽 다 군복

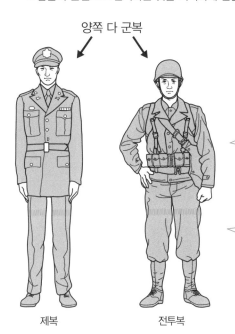

근대군대에서는 장교나 사관 (높은 사람)은 자비로 구입하고, 말단병사는 대여라는 형식으로 지급을 한다.

지급된 군복은 군대에 따라서 새것 일수도 있고, 헌 것 일수도 있다.

제복   전투복

원포인트 잡학상식

국제법상. 병사는 「군복」을 착용하고 전투에 임할 필요가 있다. 이것을 지키지 않으면 군인의 권리(포로로서 대접을 받는 것)가 보장되지 않고, 테러리스트나 범죄자 취급을 당하기도 한다.

제2차 세계대전 때에 「전투복」은 없었다?

평시에는 정장과 같은 제복을 착용하고, 전장으로 나아갈 때는 녹색(OD색)이나 카키색 전투복으로 갈아입는다. 지금은 거의 볼 수 없는 광경이지만, 제 2차 세계대전 때 까지만 하더라도, 이른바 「전투복」을 채택하고 있던 국가는 소수파 였다.

● 전투복을 보급시킨 계기를 만든 것은 미국과 영국

제2차 세계대전 무렵에 「제복」과 「전투복」을 구별하고 있었던 것은 미군과 영국군 정도였고, 이 외 대부분의 국가에서는 평시에 착용하던 제복을 그대로 입고, 총과 장비를 가지고 전장으로 향하였다.

이 시대까지는 빨간색이나 파란색, 검은색이나 금색과 같은 원색을 사용한 화려한 색상의 군복이 아직 많이 있었고, 디자인 역시 야전에 적합한 것은 아니었다. 특히 총기의 성능이 향상되어 전장에서 저격이 이루어지면서, 눈에 띄는 군복은 저격수에게 좋은 표적이 되었다.

또한 "멋을 낸 옷"은 세탁이나 수선에 시간을 잡아먹는 경우가 많아서, 시간적 여유가 없는 상황에서는 야외에서 굴러다녀서 진흙이나 먼지투성이가 되더라도 군복을 방치하기 십상이었다. 이러한 군복을 계속 입고 있는 것은, 위생적인 면에서도 문제가 되었다.

제2차 세계대전에 참전한 미군은, 평소에 착용하는 군복과, 전투상황에서 착용하는 군복을 구별하여 생각하였다. 전투용 군복은 「전투복」이나 「야전복」으로 부르면서, 튼튼하고 통기성이 좋은 옷감을 사용하였다. 야외에서 활동하기 쉬운 디자인으로 만들어져, 각 부분에 주머니를 배치하는 것으로 바로 꺼내서 써야 하는 도구들을 많이 수납할 수 있도록 하였다.

색상은 **카키**나 **OD**와 같은 「어스 컬러」단색인 것이 주류였지만, 이윽고 여러 색상을 사용한 얼룩무늬 전투복이 등장하였다. 이와 같이 "배후의 환경에 동화되는"전투복은 「위장복」이라 불리게 되어, 현재 전투복의 주류가 되었다.

더욱이 지금은, 열을 감지하는 타입의 **암시장비**에도 걸리지 않게 해주는 적외선 차단 효과의 옷감을 전투복에 사용하거나, 통기성을 향상시키기 위하여 고어텍스와 같은 화학섬유를 사용하는 등, 최첨단 기술의 전투복도 개발이 되고 있다.

전투복(야전복)

지금까지의 군복은 화려하고 쉽게 눈에 띈다

> 이전의 전장에서는 난전 상황이 발생하였을 때 피아의 식별을 하기 쉽도록, 존재감을 드러내어 눈에 띄게 하는 것이 필요하였다.

그러나 총기가 등장하자, 적을 쓰러트리기 전에 저격을 당할 위험이 생겨났다!

눈에 띄지 않고 기능적인 군복을 착용하자

미국이나 영국이 전투복을 채용

●전투복의 특징

옷감이나 봉제가 튼튼하다.

보호색이기 때문에 적이 발각하기 어렵다.

실용을 우선적으로 생각한 디자인이기 때문에, 전투 중에 단추가 빠지거나 끈이 얽히는 일이 거의 없다.

옷이 더러워지는 것은 신경 쓰지 않고 전투에 집중할 수 있다.

일반적인 전투복(야전복)을 구성하는 장비와 피복
- ●헬멧
- ●재킷(상의)
- ●트라우저스(바지)
- ※상의와 바지가 위장무늬일 경우에는 「위장복」이 된다.
- ●군화
- ●장갑
- ●주변장비(벨트 키트의 형태로 휴대)
- ●매거진 파우치
- ●총검
- ●수통
- ●메디컬 키트
- ●방독면

※시간이 지나면서 벨트 키트가 「전투 베스트」로 진화하거나, 새롭게 「보디 아머」가 추가되기도 한다.

평시의 제복과 유사시의 전투복장을 구별하는 사고방식은 매우 합리적이었기 때문에, 제 2차 세계대전이 끝나자, 모든 국가의 군대가 이 두 가지를 구별해서 사용하게 되었다.

원포인트 잡학상식

전투복은, 위장 효과나 위생적인 관점에서 특히 육군이 즐겨 사용하였다.

필드 재킷은 제복의 대용품이다?

미군이 제2차 세계대전에서 채용한 재킷 타입의 전투상의가 「필드 재킷(야전상의)」이다. 바지에 해당하는 「트라우저스」와 상하 세트로, 당시로는 획기적인 「전투복(야전복)」을 구성하고 있었다.

●민간의 생산라인을 전용

제1차 세계대전 당시, 병사들은 정장처럼 생긴 군복으로 전장에 나갔다. 미국은 제2차 세계대전에 참전하면서, 이러한 피복관계의 경비를 절약할 수 있는 방법을 고민하였다.

그래서 민간의 「재킷」타입의 피복을 유용하여, 제복 대용으로 하는 아이디어를 내놓았다. 재킷 타입이라면 설계나 생산설비의 신규개발을 생략할 수 있고, 또한 민간의 윈드브레이커라면 국내에 있는 대부분의 공장에서 사양서와 재료만 갖춰지면 생산할 수 있기 때문이다. 또한 부차적이기는 하지만, "새로 징용되는 신병에게 제복착용을 훈련시킬 시간을 생략할 수 있다"라는 장점도 있었다.

하지만 민간의 윈드브레이커를 그대로 사용한 것은 아니다. 예를 들어 옷깃 부분은, 잠그거나 옷깃을 세워서 단추를 잠글 수 있게 만들었다. 그리고 "루즈 피트"라고 불리는 전체적으로 여유가 있는 스타일로 만들어졌기 때문에, 제복과 같이 병사들의 체격에 맞춰서 수정을 할 필요가 거의 없다. 이것은 당시 신병들의 체격변화에도 적합하였다.

재킷 형태의 피복은 전차병용이나 공수부대원용 등 여러 가지 배리에이션이 만들어 졌지만, 결국 전장에서 지적된 몇 가지 문제점을 개량한 타입이 등장하였다. 이 개량형은 「M1943 필드 재킷」이라 불려서 "소매와 허리 부분에도 잠금 장치를 만들어서 밀폐성을 향상시키고, 방풍효과를 더하였다", "4개의 대형 주머니를 달아서 잡화 물품 휴대량을 증가시켰다", "디자인을 개량하여 다른 방한의류와 겹쳐 입을 수 있게 되었다", "소재의 개량으로 마찰에 강해지고, 세탁을 하기도 쉬워졌다"는 것이 지금까지의 필드 재킷과는 다른 점이었다.

경비절감을 위하여 각 방면의 재킷과 통일된 개량 재킷은, 전후 각국에서 채용된 야전복의 컨셉과 디자인을 결정하게 만들었다.

필드 재킷

당초의 목적은 「제복의 대용품」이었지만, 결국 「전투복」으로서의 가치를 인정받아 일반화 되었다.

●필드 재킷의 특징

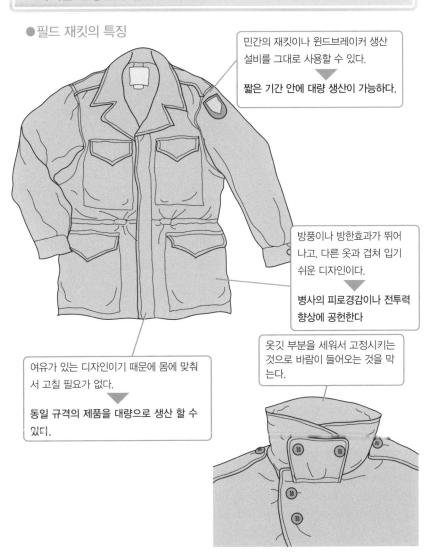

민간의 재킷이나 윈드브레이커 생산 설비를 그대로 사용할 수 있다.

▼

짧은 기간 안에 대량 생산이 가능하다.

방풍이나 방한효과가 뛰어 나고, 다른 옷과 겹쳐 입기 쉬운 디자인이다.

▼

병사의 피로경감이나 전투력 향상에 공헌한다

옷깃 부분을 세워서 고정시키는 것으로 바람이 들어오는 것을 막 는다.

여유가 있는 디자인이기 때문에 몸에 맞춰 서 고칠 필요가 없다.

▼

동일 규격의 제품을 대량으로 생산 할 수 있다.

루즈 피트로 입고 벗기 편한 재킷타입의 피복은 다루기가 쉬웠기 때문에, 전차병이 입는 「탱커스 재킷」이나 공수부대원이 입는 「패러슈트 점퍼코트」와 같이 각 방면에서 널리 채용되었다.

옛날 전차병은 전용 야전복을 입고 있었다?

제 2차 세계대전에서 단번에 육상전의 주역으로 도약한 「전차」라는 신병기는, 주변장비와 함께 시행착오를 겪고 있었다. 전차탑승병이 입는 전용의 피복인 「전차복」도 그 중의 하나였다.

●제식명은「윈터 컴벳 재킷」

제2차 세계대전 초기에 독일군이 펼쳤던 「전격전」은 전차라는 병기의 지위를 비약적으로 향상시켰다. 전격전이란 "전차의 화력과 장갑으로 적의 전선을 돌파하여, 기동력을 살려서 적의 지휘계통에 육박하여 그 기능을 마비시키는" 전술이지만, 가장 중요한 역할을 한 것이 전차를 중추로한 기동부대였다.

전격전의 성공에 영향을 받아서, 미국에서도 전차의 개발이 급속도로 진전되었다. 이러한 상황에서 등장한 것이 전차병을 위한 동계야전복, 통칭 「탱커스 재킷」이다.

전차는 항상 정비가 필요한 병기로, 유럽의 극한지에서도 탑승병들은 전차 밖으로 나가서 작업을 해야만 했다. 높은 방한성이 요구된 것은 당연하고, 좁은 전차 안에서 움직이더라도 옷이 걸리지 않는 디자인이어야 했다. 또한 이러한 디자인의 옷은, 적탄을 맞아 불을 뿜는 전차에서 좁은 해치를 통해 탈출을 할 때도 적합하였다.

미국의 전차병들은 탱커스 (재킷 & 오버올 타입의 트라우저스)를 입고, 전용 헬멧을 머리에 쓰고 전차에 탑승하였다.

전차병용 헬멧에는 여기저기 통기용 구멍이 뚫려있고, 귀 부분에는 차내 통화용 헤드셋을 눌러주는 스프링이 장착되어 있었다. 차량이 기동을 할 때는 머리를 차 밖으로 내밀고 빈번하게 진로를 확인하여야 했기 때문에, 모래 먼지로부터 눈을 보호하기 위한 **고글**이 반드시 필요하였다.

탱커스 재킷은 현장의 병사들에게는 환영을 받았지만, 얼마 안가서 보병과 공용인 개량형 **필드 재킷**이 대량으로 지급되어, 생산하는데 복잡한 공정이 필요하였던 탱커스 재킷은 사라지게 되었다. 이 시기의 미군은 "열세를 만회하는" 입장이었기 때문에, 질보다 양을 우선시하는 경향이 있던 것도 관계가 없지는 않았을 것이다.

탱커스

제식명칭은 「윈터 컴뱃 재킷」.
전차탑승병을 위한 방한복이다.

●재킷

어깨부분에는 아무것도
달려있지 않다.

소매나 복부 부분은
고무로 좁혀져 있어서
방한성이 뛰어나다.

●트라우저스(바지)   ●헬멧

귀에는 헤드셋을
눌러주는 스프링이
장착되어 있다.

차 안에서 머리를 보호하는 것이
목적이다. 방탄은 고려하지 않았
기 때문에 재질은 가죽과 골판지
이다.

넉넉한 디자인은 좁은 전차
안에서 움직이기 편하고,
해치를 통하여 빠져나가기
도 쉽다.

원포인트 잡학상식

여름이나 사막지대에서는 전차 안의 온도가 급상승한다. 현대의 전차병용 피복 중에는, 가슴이나 목과 등을 강제로
냉각시켜주는 특수 베스트와 같은 장비도 개발되어 있다.

「BDU」나 「ACU」는 어떤 장비인가?

BDU나 ACU라 불리는 장비는, 미군에서 사용하고 있는 전투피복이다. 소위 「위장복」이라고 불리는 것으로, 시대에 따라 세부적인 특징은 다르지만 "사용하기 편리함"을 우선으로 생각하여 디자인 되어 있다.

● 미군이 사용하고 있는 전투복

BDU란 1980년대부터 사용된 미군의 전투복이다. 녹색의 「단색 전투복」을 시작으로, 녹색을 기본으로 하고 검은색이나 갈색을 섞어서 위장을 한, 삼림과 초원 대응의 「우드랜드」패턴과 사막지대용인 「데저트 패턴」 등, 사용이 예상되는 지역의 자연환경이나 식생에 맞춰서 많은 모델이 만들어졌다(사막지대용 BDU등은 구별을 하여 「데저트 BDU (D-BDU)」라고 부르는 경우도 있다).

BDU위장의 특징은 "주위 환경에 동화되어 발견하기 어렵게 만들기 위한"디자인으로 되어 있다는 점이다. 그 때문에 같은 「우드랜드 패턴 BDU」라 하더라도 색감이나 패턴이 일정하지 않고, 채용국가나 지역에 따라 여러 가지 배리에이션이 존재한다.

ACU는 2004년에 제식화된 미군의 전투복이다. 기본 색상은 회색으로 변경이 되어, 위장을 이용하여 보이지 않게 만드는 것이 아닌, "보여도 인상에 남기 어렵게 만드는" 패턴으로 되어있다.

녹색이 기본 색상인 BDU는 기본적으로 삼림이나 평원과 같은 「야전 지향」이라 할 수 있는 전투복이지만, ACU의 경우에는 「삼림, 사막, 야간, 설원, 도시」 등, 모든 환경에 평균적으로 대응할 수 있는 디자인으로 되어있다. 그렇다고 하더라도 회색이 기본인 위장으로 되어있는 이상, 가장 진가를 발휘하는 것은 시가전으로, 야외에서의 위장효과는 BDU쪽이 조금 유리하다고 한다.

BDU도 ACU도, 그 디자인은 "어떻게 하면 사용하기 쉬울까"라는 것을 염두에 두고 연구된 것으로, 주머니의 위치나 파스너(벨크로)의 위치 등도 시대에 맞춰서 개량이 진행되었다. BDU에서는 단추로 잠그던 부분이, 나중에 개발된 ACU에서는 벨크로 테이프로 변경되어 있는 것이 이와 같은 개량의 예시라고 할 수 있겠다.

BDU와 ACU

BDU = Battle Dress Uniform
1980년대부터 사용된 미군의 위장복

ACU = Army Combat Uniform
2004년에 제식화된 미군 신형위장복

●BDU

보호색과 같이 주변 배경에
동화되어 잘 보이지 않는다.

기본 색상은 녹색

예상 사용지역에 맞춰서 많은 모델이
만들어 졌다.

●ACU

보이기는 하여도 인상이
남지 않도록 한다.

기본 색상은 회색

모든 환경에 평균적으로 내응아노록
디자인되어 있으나, 특히 시가전에서
강한 위력을 발휘한다.

이러한 피복에 항상 요구되는 것은 「사용하기 편리함」이다. 어떤 디자인이 사용하기 쉬운가, 라는
판단은, 그 당시의 전장이나 병사의 사고방식에 따라 달라지기 때문에, 디자인은 계속 개량이
되어, 변경을 거듭한다.

원포인트 잡학상식

ACU는 전투 베스트를 장착하는 것을 전제하고 있다. 그 때문에 기존의 전투복에 비해서 가슴 부분의 주머니 숫자가
적다(베스트에 가려지기 때문에). 그 대신 팔 부분에 수납 공간이 신설되어 있다.

야전복에는 어떤 옷감이 사용되는가?

야전복은 우선 튼튼해야만 한다. 산야를 뛰어다니거나 수풀 안에서 구르는 등, 아무리 험하게 사용한다 하더라도 찢어지지 않을 정도의 강도가 요구된다. 게다가 움직이기 쉬워야 하는 것이 대전제이다.

● 화학 섬유의 등장

야전복은 우선 튼튼하여야 한다. 그러나 의복인 이상, 정신적인 측면에 있어서 "착용감이 좋아야 하는 점"도 무시할 수 없다.

고온 다습한 지역에서는 땀이나 습기를 빨리 흡수하여 밖으로 방출시키는 기능이 필요하고, 한냉 지역에서는 체온(열)이 외부로 빠져나가는 것을 막아주는 기능이 필요하다. 전투피복의 옷감에는 이러한 조건을 만족시키고자, 다양한 소재가 사용되어왔다.

초기의 야전복 옷감에는 면(코튼)이 사용되었다. 면으로 만든 피복은 공기를 머금어서 부드럽고, 흡수성과 흡습성이 뛰어나다.

면은 강도를 높이려면 무거워지는 특징을 가지고 있기 때문에, 현재는 면에 나일론을 섞은「면 / 나일론 혼방소재」가 사용되고 있다. 각각을 50%씩 섞은 이 재료는, 튼튼함과 착용감이라는 두 마리의 토끼를 잡는데 성공하였다.

움직이기 편한 옷을 만들기 위해서는, 폴리우레탄 섬유와 같이 신축성이 있는 소재를 사용한다. 이러한 섬유는「스트레치성 소재」라고 불리며, 격렬하게 움직이는 곳에 부분적으로 사용되기도 한다.

열대 기후에서 착용하는 야전복의 경우, 면이나 레이온과 같이 습기나 수분을 잘 흡수하는 섬유나, 모세관현상을 이용한「흡습, 발한성 소재」를 사용하여 피복이 끈적이지 않게 만든다.

섬유의 속을 비우거나, 단면을 십자로 만들어서 섬유 사이에 얇은 공기층이 만들어지게 가공한 소재는「단열보온소재」라고 불려서, 피복의 보온성 향상에 공헌을 한다. 이러한 소재는 한냉지용 야전복이나, 높은 고도를 비행하는 항공기의 승무원이 입는 항공복 등에도 사용된다.

이러한 소재는 단독으로 혹은 조합해서 사용되어, 옷이 단번에 찢겨나가는 것을 방지하기 위하여「립 스톱」이라 불리는 가공을 한다.

전투복의 옷감

전투복의 옷감에 요구되는 요소는······
- **튼튼할 것**
- **착용감이 좋을 것**

이 때문에 다양한 옷감이 사용되었다

| 초기에는······ | **면(코튼)** | 흡수성과 흡습성이 뛰어나다. |

현대의 주류! | **면 / 나일론 혼방소재** | 면과 나일론을 섞어서 옷감의 강도를 증강시켰다.

부분적으로! | **스트레치성 소재 (폴리우레탄 섬유 등)** | 격렬하게 움직이는 부분에 사용하면 착용감이 좋아진다.

열대에서! | **흡습, 발한성 소재 (면이나 레이온 등)** | 습기나 수분을 흡수하여 상쾌하고 끈적이지 않는다.

방한용으로! | **단열보온소재** | 섬유 사이에 생긴 공기층으로 따뜻한 공기를 잡아둔다.

이러한 소재는 단독으로, 혹은 여러 가지를 조합해서 이용한다.

옷감에 관한 시행착오는 지금도 계속되고 있어서, 다양한 신소재로 시험을 해보고 있다.

원포인트 잡학상식

최신 전투복에는 「적외선 감지장치」에 잘 반응하지 않는 소재를 넣은 것도 등장하고 있지만, 그 취급이 어렵기 때문에 충분한 효과를 발휘하지 못하는 경우가 많다.

최신 위장복은 모자이크 무늬?

위장복이란, 전장에서 적에게 발각되지 않도록 초목의 모양이 찍혀있는 야전복을 가리키는 말이다. 보병전투가 검이나 창을 "서로 주고 받는 싸움" 에서 라이플을 사용한 총격전으로 바뀌면서, 각국 군대에서 연구, 개발이 진행되었다.

● 시각의 초점을 분산시키는 「픽셀 위장」

예전의 군인, 병사 들은 "눈에 띄는" 것에 의하여 적과 아군에 정신적인 영향을 주어 전투를 유리하게 이끌어 갔다. 그러나 화기의 성능이 발달하고 전투가 원거리에서 이루어지게 된 근대전에서는, 눈에 띄는 것은 적의 저격목표가 되는 것을 의미하는 것으로, 지옥행 급행열차와 같은 의미가 되버렸다.

전투용 유니폼인 야전복의 색상은 눈에 띄지 않는—이른바 카무플라주 효과를 충분히 고려한 색조가 되어, **OD**나 **카키**와 같은 색이 주류가 되었다. 그리고, 이러한 사고 방식을 더욱 발전시킨 것이 「위장복」이다.

위장무늬가 "녹색이나 갈색의 얼룩무늬" 라는 스타일로 된 것은 제2차 세계대전부터 베트남 전쟁 때의 일로, 착용한 병사가 풀이나 나뭇가지, 나무 사이에 녹아 들게 만들기 위한 무늬로 되어 있다. 이것은 적이 "병사의 몸"을 인식하는데 필요한 실루엣이나 색상(음영)과 같은 정보를 위장을 통하여 혼란을 일으키게 만들려는 것으로, 무늬나 색감에 있어서 시행착오를 계속 겪었다. 결국 위장은 컴퓨터에 의하여 만들어지게 되었고, 몇 가지 패턴의 위장복이 만들어졌다 사라지게 되었다.

그런 와중에, 최신 모드의 위장으로서 주목을 받은 것이 「픽셀 위장」이나 「디지털 위장」이라 불리는 것이었다. 이것은 기존의 "얼룩무늬"나 "반점" 타입의 것과는 형태도 사고 방식도 선을 그을 정도로 획기적인 위장이며, 모자이크 영상과 같은 무늬로 되어있는 것이 특징이다.

이 모자이크 무늬는 보는 각도에 따라 "녹색 같은 색" 으로 보이거나 "갈색 같은 색" 으로 보여서 주변 배경에 동화되는 효과를 만들어내고 있다(엄밀히 따지면 「동화되는 것」보다, 주변의 환경과의 경계를 애매하게 만들어서 보는 쪽에서 인식을 하기 어렵게 만드는 것이라 하는 편이 맞을 것이다). 여기에 모자이크는 수직, 수평방향으로 그라디에이션을 만들고 있어서, 그 효과를 높이고 있다.

녹아 들어간다, 녹아 들어간다아(주변 배경에)

> 병사의 군복은……

- ●맨 처음에는 「눈에 띄는」 색이나 디자인으로 피아를 식별하였다.
- ●결국 총에 저격을 당하지 않도록 「눈에 띄지 않는」 색을 사용하게 되었다.
- ●거기에 주변 배경과 구별하기 어려운 「위장」을 사용하게 되었다.

그리고……

픽셀 위장이 등장!
패턴의 작성에 컴퓨터가 사용되어, 픽셀(작은 사각형)이 늘어서 있는 것에
의하여 그라디에이션을 형성하고 있다.

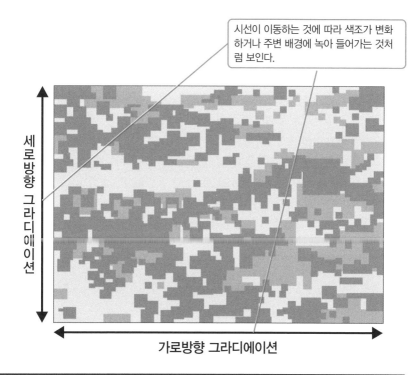

시선이 이동하는 것에 따라 색조가 변화
하거나 주변 배경에 녹아 들어가는 것처
럼 보인다.

세로방향 그라디에이션

가로방향 그라디에이션

원포인트 잡학상식

픽셀 위장은 효과가 매우 좋아서 보급이 진행되고 있으며, 위장복 뿐만 아니라 모자나 장갑, 개인용 텐트에까지 사용되고 있다.

위장복의 무늬에는 어떤 종류가 있는가?

위장 무늬(패턴)는 싸우는 장소에 따라 그 모양이 다르다. 국가나 군대에 따라 여러 가지 패턴이 고안되었으나 「우드 랜드」나 「타이거 스트라이프」와 같이 그 종류가 다양하여, 일일이 기억하는 것은 쉽지가 않다.

● 패턴에 따라 분류

위장 무늬는 「패턴」이라 불린다. 각국의 위장복은 디자인이나 소재에 따라 여러 가지로 구별 할 수 있지만, 일반적인 분류법은 "위장 패턴을 기준으로 분류하는" 방법이다.

주요 위장 패턴으로 유명한 것이 우드랜드 계통이라 불리는 것으로, 녹색, 갈색, 검은색 등을 기본색으로 한 것이다. 미군의 「BDU」나 영국의 「DPM」과 같은 패턴이 이 쪽 계열에 포함되어, 지금까지도 개량을 거듭하면서 사용되고 있다.

독일 연방군이나 일본의 자위대에서는 「도트 패턴」이라는 반점 무늬의 위장을 채용하고 있다. 독일은 갈색, 검은색, 회색, 노란색 등을, 일본에서는 녹색, 갈색, 검은색, 카키색을 섞은 것이 사용되고 있다. 이 위장을 채용하기 이전에 자위대에서 사용되었던 「리프 패턴」 위장 (회색을 기본으로 녹색, 갈색을 배치)은, 지금의 위장과 구분하기 위하여 「구형위장」이라 불리는 경우가 많다.

이제는 더 이상 사용되지 않지만, 유명한 위장으로 미국의 「덕 헌터 위장」이나 「타이거 스프라이트 위장」이 있다. 전자는 제2차 세계대전 때 해병대에서 사용한 위장 패턴으로, 오리 사냥꾼이 사용하는 위장을 패턴으로 만든 것이다. 후자는 베트남 전쟁 때 게릴라전에 투입되었던 특수부대나 친미파인 남베트남 군이 사용하였던 것으로, 호랑이의 줄무늬를 연상시킨다.

이 외에도 독일군이 사용하였던 「스프린터 위장」은 각이 진 패턴들이 파편을 연상시키는 것이 그 유래라고 하며, 레인드롭이라는 빗방울처럼 생긴 패턴이 더해진 것도 있다. 또한 아프리카 남부에 있었던 로디지아(현 짐바브웨)라는 나라에서 사용되었던 위장 패턴으로, 국가 체제가 바뀌고 나서도 구 체제의 편을 들었던 용병들이 계속 사용을 하여 "용병들의 위장" 으로 유명해진 「로디지아 위장」이라는 것도 있다.

위장복 패턴

> 각국의 위장복은 「무늬(패턴)」에 따라
> 어느 정도 구분을 할 수 있다.

● 유명한 것으로는······

우드랜드 위장 ▼

BDU위장(미국)

DPM위장(영국)

우드랜드 계열 위장. 유럽의
식생에 대응하고 있다.

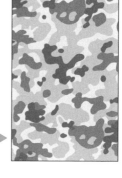

도트 패턴 ▶

(육상자위대 위장)

● 예전에는 이런 패턴도 있었다

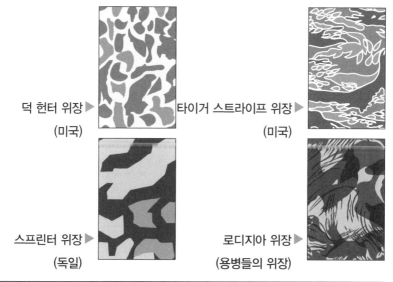

덕 헌터 위장 ▶

(미국)

타이거 스트라이프 위장 ▶

(미국)

스프린터 위장 ▶

(독일)

로디지아 위장 ▶

(용병들의 위장)

원포인트 잡학상식

지금은 사용하지 않는 위장 패턴이라도 부활하는 경우가 있다. 예를 들어 미공군의 야전복인 「ABU (Airman Battle Uniform)」는
타이거 스트라이프 풍의 위장 패턴이다.

계급장은 붙이는 위치가 정해져 있다?

군대나 이에 준하는 조직─특히 무력을 사용하여 목적을 달성하려 하는 조직에서는, 내부에 엄격한 "서열" 을 갖추고 있는 경우가 많다. 특히 군대에는 계급 차이가 있는 상관의 명령은 절대적인 것이다.

● 그러나 간단하게 옷에서 뜯어낼 수 있다

　민간조직이라도 대기업 정도의 규모가 되면, 같은 조직에 속하고 있다 하더라도 서로의 얼굴이나 이름을 모르는 일이 자주 일어난다. 그러나 이런 경우에도, 서열을 정해 놓고 누가 리더인지가 확실하게 정해져 있다면, 쓸모 없는 마찰도 일어나지 않는다.

　군대 내부에 있어서 서열 = 계급은, 계급이 높은 순으로 「장관→영관→위관→부사관→병」 과 같은 순서로 되어 있어, 그 안에서 「대, 중, 소」, 「병장, 상등, 일등, 이등」과 같이 계급을 나누고 있다. 구체적으로는 「대령, 중령, 소령」, 「대위, 중위, 소위」, 「병장, 상등병, 일등병, 이등병」으로 나눠진다. 부사관의 경우는 「원사, 상사, 중사, 하사」로 나눠지고 그 위로 준사관인 「준위」라는 계급이 있다.

　속해있는 계급을 누가 보더라도 단번에 알 수 있게 하는 것이 계급장의 역할이지만, 그 형태나 재질은 조직마다 전부 다르다고 하더라도 과언이 아닐 정도로, 시대에 따라서도 큰 차이를 보인다. 또한 평시에 착용하는 제복과 전시에 착용하는 야전복(**위장복**)에 부착하는 계급장은 사이즈나 디자인, 재질 등이 다른 경우가 많다. 대부분은 배지나 휘장과 같이 되어 있어, 옷깃이나 어깨 소매와 같은 "눈에 잘 띄는 장소" 에 붙인다(붙이는 장소에 따라 각각 「금장」, 「견장」, 「수장」이라 불린다). 계급장은 일반 병사에게는 지급이 되고, 사관은 개인적으로 구입을 해야 한다.

　영화나 애니메이션 같은 창작물에서, 주인공이나 주인공의 동료들이 「나는 군인을 그만 두겠어!」라면서 계급장을 뜯어내는 장면이 있다. 예전에는 계급장을 옷과 같은 색깔의 실로 튼튼하게 바느질을 해서 붙였기 때문에 "뜯어낸 계급장은 더 이상 옷에 붙지 않는다 = 이제는 되돌릴 수 없다는 각오"의 표현으로 성립하였으나, 최근의 계급장은 매직 테이프(벨크로)로 찌익~ 하고 붙였다 뗄 수 있기 때문에, 이러한 묘사도 다소 의미가 변하게 되었다.

군인의 계급

계급장

계급이 높아짐에 따라 선
이나 별의 숫자가 늘어나는
것이 일반적이다.

육상자위대의 경우

이등육사
(이등병에 해당한다)

일등육사
(일등병에 해당한다)

육사장
(상등병에 해당한다)

※ 위에서 든 것은 일례로, 시대나 국가가 다른 경우에, 계급의 상승을 「같은 디자인에
색상이 다른」 계급장으로 나타내는 경우도 있다.

● 계급장의 위치

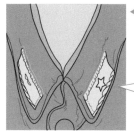

◀ 금장

어깨 부분에 다는 계급장. 코트와
같은 어깨 스트랩(벨트)도「견장」
이라 하기 때문에 혼동하지 않도록
주의가 필요하다.

옷깃 부분에 다는 계급
장. 주로 사관이나 부사
관의 계급장이 이런 타
입이다.

▼ 수장(완장)

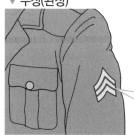

▲ 견장

팔 윗부분이나 소매 부분에 단다. 병사의 계급장에
많고, 이 위치에 부대 휘장을 달기도 한다. 또한
사관의 제복 소매에는 「띠」가 달려있다.

원포인트 잡학상식

위장복의 경우, 카무플라주 효과를 높이기 위한 것과 적의 저격을 피하기 위하여(저격병은 계급이 높은 사람을 노린다) 계급장을
떼어두기도 한다.

군복의 어깨부분에서 내려뜨려진 줄은 무엇인가?

제2차 세계대전 때까지의 군복 — 특히 정장이나 예복에는, 어깨에서 가슴부분에 걸쳐서 끈처럼 생긴 것이 달려 있는 것을 볼 수 있다. 전장에서 방해가 될 것처럼 보이는 이 끈은 어떠한 용도로 달고 있었던 것일까?

● 식서 = 부관의 증거

군복의 어깨부분에서 내려뜨려진 끈 모양의 장식은 「식서飾緖(aiguillette)」라고 하여, 주로 부관이라 불리는 임무를 수행하는 군인이 착용하는 것이다.

부관이란 부사령관이나 부지휘관을 가리키는 것이 아닌, 리더의 작전지휘나 작전입안을 보좌하면서, 여러 가지 사항을 조절하는 비서나 보좌를 하는 자리에 있는 군인이다. 제2차 세계대전 중의 일본군에서는 「참모」라고 불리는 지위가 부관과 같은 지위여서, 이 끈 장식을 「참모식서」, 「참모견장」이라 불렀다.

식서는 몰(mogol)이라 불리는 장신용 줄과 같은 디자인으로 되어있는 것이 많으며, 색상은 금색이라는 이미지가 강하지만 반드시 그런 것 만은 아니다. 개중에는 흰색인 것도 있고, 일본군에서는 전선용인 녹색으로 된 식서도 있었다. 제2차 세계대전 때의 독일에서는 「부관식서」라고 불리는 은몰(은으로 도금한 장식용의 가느다란 줄)을 착용하고 있었다.

현재로서는 장식용으로 실용성이 없지만, 예전에는 야전용 필기구를 매달기 위한 것이었다. 나폴레옹 시대에는 이 몰의 끝 부분에 펜이나 연필을 달고서, 정찰을 할 때 상황을 적어두는 용도로 사용하였다고 한다. 이러한 쓰임새로 인하여 오늘날에도 식서의 끝 부분을 「석필石筆」이라 부른다.

참모나 부관들이 일상적으로 식서를 달고 다녔지만, 다른 지위의 사람이 식서를 착용할 수 없는 것은 아니었다. 예를 들어 영관이나 위관과 같은 하급 사관이라 하더라도, 식전이나 퍼레이드, 또는 임지에 부임할 때 입는 「예복」에 지정된 식서를 착용하는 것에 대해서, 특별히 문제가 되지도 않았고, 질책도 받지 않았다.

현재의 군대에서는 「평시에 착용하는 군복」과 「전투 때 착용하는 군복」이 완전하게 다르기 때문에, 금이나 은몰을 착용한 옷을 입고 전선에 나가는 일은 없어졌다.

높으신 분이 달고 있는 금색의 장식용 끈

「식서(aiguillette)」란······
주로 부관이 착용하는 장구로서, 나폴레옹 시대의
「야전필기구」가 그 기원이다.

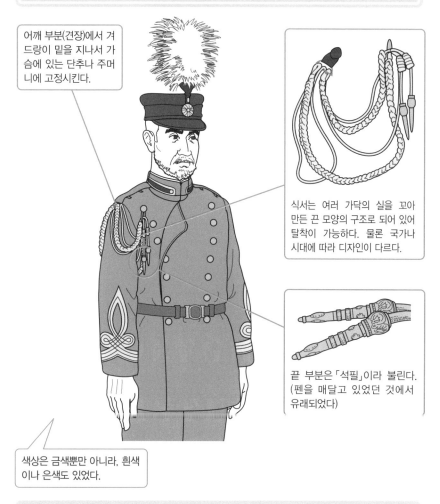

어깨 부분(견장)에서 겨드랑이 밑을 지나서 가슴에 있는 단추나 주머니에 고정시킨다.

식서는 여러 가닥의 실을 꼬아 만든 끈 모양의 구조로 되어 있어 탈착이 가능하다. 물론 국가나 시대에 따라 디자인이 다르다.

끝 부분은 「석필」이라 불린다. (펜을 매달고 있었던 것에서 유래되었다)

색상은 금색뿐만 아니라, 흰색이나 은색도 있었다.

식서는 「부관(참모)전용장비」가 아닌, 어느 정도의 지위에 있는 군인이라면 규칙에 따라 착용할 수 있었다.

원포인트 잡학상식

더욱 시대를 거슬러 올라가면, 식서의 기원은 「지휘관의 말을 끌고 다니기 위한 말고삐」라는 설도 있다.

어떻게 하면 훈장을 받을 수 있는가?

가슴에 쩔그럭 거리며 달려있는 메달들은 군복에 악센트를 주어 잘 어울리며 보기에도 멋있어 보인다. 여러 가지 디자인이나 크기의 훈장이 있지만, 착용자가 "소속조직에 무엇인가 공헌을 하였다" 라는 것이 이러한 훈장이 가진 공통점이다.

● 훈장 수여는 높은 사람 마음대로

군인에게 수여되는 훈장(Order)은 일반적으로 「뭔가 대단한 일」을 한 사람이 받는 상이라는 의미를 가지고 있다. 누구든 납득을 하는 부분에서는 「부대를 지휘해서 적에게 막대한 피해를 입혔다」라던가, 「아군 부대를 궁지에서 구한 영웅과 같은 행위」에 대한 것이지만, 이 "대단함"의 수준은 최상급에서 최하급까지 있다.

훈장을 수여하는 것은 받은 사람의 모티베이션을 상승시키는 것은 물론이고, 프로파간다(선전)적인 요소도 크게 연관되어 있다. 그 때문에 훈장 수여식을 대대적으로 보도하거나, 훈장 수여의 경위를 어느 정도 과장시켜 선전하는 것이 일반적이다.

경우에 따라서는 동맹국뿐만 아니라, 적국의 장군에게까지 자국의 훈장을 수여하기도 한다. 상대방을 칭찬하는 것으로 자국 군부의 넓은 포용력과 공정함을 내외에 알리기 위함이다.

제2차 세계대전 말기가 되면, 독일과 같은 국가에서는 사기 향상을 위하여 훈장을 수여하는 기준이 이상하게 되어, 수년전이라면 서훈의 기준에 미치지 못하는 공적에도 훈장을 수여하게 되었다.

이것은 패색이 짙은 쪽의 국가에서 자주 있는 일로, 훈장을 단 군인이 늘어나는 것으로 「우리 나라에는 공적을 세운 (=적을 쓰러트린)군인이 넘쳐난다. 전쟁에서 패배할 리가 없다.」라고 아군이 생각하게 만들기 위함이라 할 수 있다.

같은 훈장이라도 미국의 「퍼플 하트 훈장」과 같이, 전쟁에서 부상을 입거나 사망한 병사에게 수여하는 훈장도 있다. 이것은 "부상을 입을 정도로 용감한 활약을 보인" 것을 칭찬하기 위한 훈장이지만, 부상에 대한 정신적인 보상이라는 의미도 가지고 있다.

훈장의 가치

훈장을 가슴에 달고 있는 사람이, 보이는 것처럼 위대한 사람이냐고 물으신다면‥‥‥

훈장을 주는 이유

이유① : 본인의 모티베이션을 향상시키기 위하여

능력이 있는 인간을 칭찬하는 것으로, 더욱 능력을 발휘하게 만들려는 의도.

이유② : 주위의 모티베이션을 향상시키기 위하여

열심히 하면 보상을 받는다는 것은 선전하여, 능력이 있는 인간을 발굴하거나, 능력이 없는 인간에게도 나름대로 열심히 하도록 만들려는 의도.

전쟁중의 훈장 남발은 주로 ②와 같은 이유에서 발생한다.

대규모로 선전을 하는 것으로 상대국에 대한 어필(위협)도 된다.

미군에서 전쟁에서 부상을 입거나 사망한 사람들에게 수여하는 퍼플 하트 훈장. 병사들의 모티베이션 회복과 부상에 대한 보장이라는 의미를 가지고 있다.

원포인트 잡학상식

퍼플 하트 훈장은 전사한 병사에게도 수여된다. 이 경우, 병사의 유족이 대신 받게 된다.

단추를 채우는 피복은 이제 구식이다?

제복이나 전투복을 잠글 때는 예전부터 「단추」가 사용되었다. 단추를 채우는 옷은 가격이 싸고 확실하게 입고 벗을 수 있지만, 현대에는 더욱 기능적이며 미세하게 사이즈를 조절하기 쉬운 「벨크로」를 이용하는 옷이 늘어나고 있다.

● 단추에서 벨크로(매직 테이프)로

피복의 겹쳐지는 부분을 잠그는 방법은, 끈으로 묶는 것에서 단추를 채우는 방법으로 진화하였다. 단추를 채우는 피복은 끈으로 묶는 타입의 피복에 비하여, 재빠르게 채우고 풀 수 있다는 점에서 군복에 적합한 방법이라고 인식되었다.

제2차 세계대전 이후, 미국이나 영국을 흉내내듯 각 국의 군대는 전투복을 도입하였다. 쉽게 입고 벗을 수 있는 단추는 전투복의 앞 자락을 잠그는데 적합하였고, 소매나 주머니의 덮개(플랩)부분에도 사용되었다.

단추를 실로 고정하는 것은 단추에 구멍을 내야 할 필요가 있거나, 단추가 떨어지기 쉽다는 문제점도 있었다. 병사들에게 실과 바늘이 들어간 「바느질 세트」가 지급되었으나, 단추를 다시 달아야 하는 것에는 변함이 없었기 때문에, 단추가 떨어지지 않는 「똑딱이 단추(스냅 버튼)」라는 것도 만들어졌다.

전투복의 가슴부분이나 바지의 앞부분 등은, 시간이 지남에 따라 단추를 채우는 방법에서 「지퍼(파스너)」를 사용하는 방법으로 진화하였다. 손잡이를 위아래로 움직이기만 하면 되기 때문에, 단추보다 더욱 빨리 옷을 입고 벗을 수 있지만, 지퍼의 이빨이 엇나갈 경우에는 자신의 힘으로 고치기 어렵다는 문제점이 있다.

지금의 전투복에는 「벨크로 테이프」가 많이 사용되고 있다. 벨크로는 자유롭게 붙이고 뗄 수 있는 띠 모양의 천으로, 탄력성이 있는 갈고리 모양으로 만들어진 화학섬유와, 고리 모양으로 만들어진 화학섬유를 밀착시켜서 부착한다. 「도꼬마리의 열매」가 스웨터 표면에 달라붙는 것과 같은 원리이다.

잠그는 부분의 사이즈를 조절하려 할 때, 단추로는 구멍의 위치로 한정되어 버리고, 지퍼로는 이러한 세부적인 조절을 할 수 없다. 벨크로는 지퍼의 신속함과 단추의 튼튼함을 겸비하고 있고, 붙이는 방식이기 때문에 자유자재로 사이즈를 조절할 수 있다는 매우 뛰어난 장점을 가지고 있다.

피복을 잠그기 위해서는

예전에는 「끈」이나 「단추」가 일반적이었지만······

● 딮개로 덮이두지 않으면 덤불에서 나뭇가지에 걸리기 쉽다.
➡ 일부러 덮개를 달아야 한다

● 끈이 끊어지거나 단추가 떨어지기 쉽다.
➡ 그 때마다 수선을 해야만 한다.

그래서······

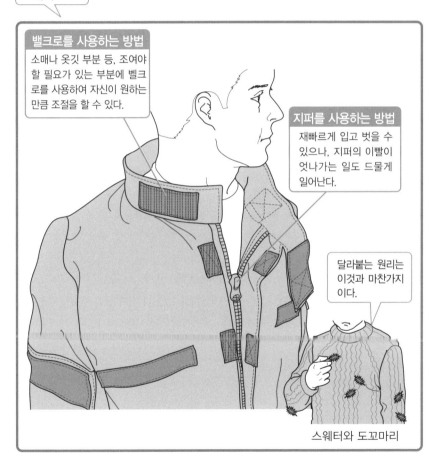

밸크로를 사용하는 방법
소매나 옷깃 부분 등, 조여야 할 필요가 있는 부분에 밸크로를 사용하여 자신이 원하는 만큼 조절을 할 수 있다.

지퍼를 사용하는 방법
재빠르게 입고 벗을 수 있으나, 지퍼의 이빨이 엇나가는 일도 드물게 일어난다.

달라붙는 원리는 이것과 마찬가지이다.

스웨터와 도꼬마리

원포인트 잡학상식

밸크로(Velcro)는 등록상표이다. 일반 명칭으로는 「매직 테이프」, 「면 파스너」, 「찍찍이」라고 부른다.

전투복의 벨트가 폭이 넓은 이유는?

병사가 전투복 위에서 허리에 두르는 벨트는, 매우 폭이 넓은 디자인으로 되어 있다. 「탄띠」나 「피스톨 벨트」라고 불리는 이 벨트는, 라이플의 예비탄이나 권총의 홀스터 등을 장착하기 위한 장비이다.

● 많은 장비를 허리춤에 장착하기 위해서

「피스톨 벨트」는 그 이름대로, 권총을 매달아 놓기 위한 벨트이다. 탄띠라고도 부르지만, 이것은 벨트가 "라이플의 예비 탄약 파우치를 장착하기 위한 장비"의 역할도 같이 하기 때문이다.

권총이건 예비탄이건 어느 정도 무겁기 때문에, 벨트의 폭이 좁으면 손으로 잡았을 때 뒤집어 지거나 뒤틀려서 장착을 하기 어렵다. 그 때문에 이러한 벨트는 일반적인 벨트보다 더 넓게 만들어진다. 벨트의 폭이 넓으면 바지의 벨트고리에 넣을 수 없게 되지만, 이것은 사소한 문제이다. 오히려 서부극의 총잡이가 사용하는 건벨트와 같은 "장비를 장착한 벨트를 옷 위에서 조르는" 방법이 합리적이라 할 수 있다.

즉 처음부터 벨트에 **매거진 파우치**나 수통, 총검, **메디컬 키트**와 같은 전투에 필요한 장비품을 장착해 놓고, 출동할 때 옷 위로 착용하는 형태가 된다.

피스톨 벨트는 탈착시의 번거로움을 줄이기 위하여, 버클 부분을 원터치로 탈착 할 수 있게 만들었다. 예전에는 금속제 갈고리발톱 모양의 훅으로 탈착을 하였으나, 지금은 수지로 만들어진 「사이드 릴리스 버클」이 일반적이다.

장비를 장착한 피스톨 벨트는 상당히 무겁기 때문에, 그 상태로는 꽤나 꽉 조르지 않으면 장비와 같이 미끄러져서 밑으로 떨어진다. 그러나 꽉 조르면 괴롭고, 전투행동에도 영향을 준다. 그래서 사용된 것이 멜빵과 같은 「서스펜더」이다. 벨트의 중량을 어깨로 받쳐주기 때문에, 피스톨 벨트를 허리에 꽉 끼게 고정시키지 않아도 된다. 이렇게 착용이 완료된 상태의 것을 「벨트 키트」라고 부른다.

벨트에는 「세로로 3개의 구멍」이 나있는 것이 많은데, 사이즈 조절용으로 사용되는 것은 중앙의 구멍만이고, 위 아래 두 개의 구멍은 매거진 파우치를 고정하기 위하여 사용된다.

피스톨 벨트와 벨트 키트

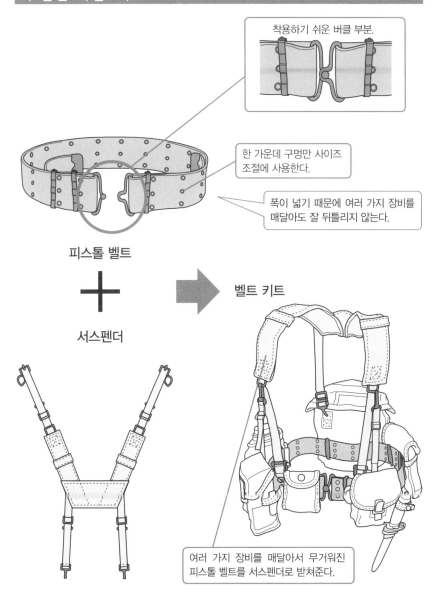

착용하기 쉬운 버클 부분.

한 가운데 구멍만 사이즈 조절에 사용한다.

폭이 넓기 때문에 여러 가지 장비를 매달아도 잘 뒤틀리지 않는다.

피스톨 벨트

＋

서스펜더

벨트 키트

여러 가지 장비를 매달아서 무거워진 피스톨 벨트를 서스펜더로 받쳐준다.

원포인트 잡학상식

서스펜더와 장비가 장착된 피스톨 벨트를 합친 벨트 키트를 일본에서는 「전투장비세트」라고 부르기도 한다.

「버버리의 트렌치 코트」는 군용 코트이다?

댄디즘의 상징으로 알려져 있는 「트렌치 코트」의 기원은 군용 코트이다. 때는 제1차 세계대전. 진흙투성이인 참호(Trench)안에서의 싸움에서, 방수 타입의 튼튼하고 기능적인 코트가 필요하였던 것이다.

● 참호전용 방수코트

트렌치란 참호─지면에 파져 있는 깊은 구덩이를 가리키는 말로, 양쪽의 병사들이 이 구덩이에 숨어서 총격전을 벌이는 것을 참호전이라 한다. 제1차 세계대전은 말 그대로 참호전으로, 철조망 이나 기관총으로 방어를 한 전투는 자연스레 장기전이 되어, 병사는 참호 안에서 긴 시간을 보내야만 했다.

영국군은 주 전장 이었던 유럽의 한냉기후에 대응하기 위하여, 병사들을 추위와 습기로부터 보호하는 외투를 만들었다. 참호전에서 사용된 것을 계기로 이 방수 코트는 「트렌치 코트」라는 이름으로 유명해져서, 전후에는 일반적인 패션으로도 널리 퍼졌다.

트렌치 코트의 전신은, 제1차 세계대전 이전에 일어난 보어전쟁에서 사용되었던 「타이록켄 코트」라고 한다. 타이록켄이란 "끈으로 묶는다" 라는 의미를 가진 말로서, 이 코트에 의류 메이커인 버버리가 장비 등에 달려있는 「D링」을 맞물림쇠로 달고, 소매 부분에 바람이 들어오는 것을 막아주는 벨트를 다는 등의 개량을 하여 완성시킨 것이 트렌치 코트이다.

기본적으로 군복의 위에 착용하는 것이기 때문에, 가슴둘레나 소매가 크게 만들어졌다. 소매 끝 부분의 벨트(스트랩)는 커다란 소매로 바람이 들어오는 것을 막아주는 역할을 하고, 옷깃에도 「친 워머chin warmer」라 불리는 방풍용 커버가 달려있다. 또한 허리 쪽의 주머니에는 플랩(두껑)이 달려있지만, 이것은 밑에 입는 군용 주머니를 사용하기 위해 그냥 구멍만 뚫어놓은 것이다.

트렌치 코트의 원조에 대해서는 여러 가지 설이 있지만, "버버리가 고안한 것은 「개버딘」이라는 발수성 능직 기술이고, 방수 울을 만들어낸 「아쿠아스큐텀」이라는 메이커의 방수 코트야 말로, 트렌치 코트의 원형이다" 라는 이야기도 유명하다. 그러나 어떤 이야기를 믿는다 하더라도, 이 두 회사가 트렌치 코트의 기초를 만들었다고 봐도 문제는 없을 것이다.

현대로 이어져 내려오는 기능적인 코트

트렌치 코트란······
「오버 코트(동계용 외투)」 및 「방수코트(레인 코트)」의
일종이다.

옷깃 부분의 「친 스트랩」이라 불리는 벨트를 풀어서 차가운 바람을 막아준다.

어깨에는 「에폴렛(epaulette)」, 「견장」이라 불리는 단추로 잠그는 방식의 스트랩이 장착되어 있어서, 총이나 쌍안경의 벨트가 미끄러져서 떨어지지 않게 해준다.

양쪽 허리의 주머니는 슬릿으로, 안쪽에 입은 군복 주머니가 손에 닿도록 만들었다.

오른쪽 가슴 부분의 천은 「스톰 플랩」, 「건 플랩」이라 불리며, 방풍과 총의 개머리판에 의하여 천이 닳아 헤지는 것을 막아주는 보강 역할을 한다.

허리 벨트에는 수류탄을 걸 수 있는 「D링」이 있다.

벨트는 내부의 따뜻한 공기가 바깥으로 빠지지 않게 해주는 역할을 해주는 것과 동시에 트렌치 코트 디자인의 특징이 되고 있다.

손목에도 바람이 들어오는 것을 막아주는 스트랩이 달려있다.

트렌치 코트의 원형은 1900년대에 이미 고안되어 있었고,
제1차 세계대전에서 보급이 되면서 일반인들에게 퍼지게 되었다.

원포인트 잡학상식

트렌치 코트의 옷감에는 「개버딘」이나 「울」과 같은 소재를 사용하는 것이 전통이지만, 지금은 합성섬유나 가죽 등도 사용이 된다.

방한용 피복에는 어떤 것이 있는가?

병사들은 싸우는 장소를 고를 수 없다. 그 중에서도 한냉지에서의 전투는 매우 치열한 것이어서, 적과 싸우기 이전에 동장군에게 패하는 일도 자주 있었다. 한냉지용 피복은 피복 자체뿐만 아니라, 일반적인 옷과 조합하여 방한성을 강화하는 것이 많았다.

● 안쪽에 공기를 저장하는 옷이 좋다

추울 때의 방한용 옷이라 하면 먼저 「코트」가 머리에 떠오른다. 제2차 세계대전 초반 까지는 전투복을 입은 군대가 거의 없었던 것도 있어서, 평상시 제복 위에 입는 코트와, 전투시에 입는 야전용 방한코트라는 여러 종류의 코트가 있었다.

그러나 야외에서 전투를 할 때 코트를 입으면, 두꺼운 천이 물이나 진흙을 흡수하여 무거워 지기 때문에 전투를 하기가 어려웠다. 방한용 옷은 옷감이나 내부에 따뜻한 공기를 머금어야 추위를 막아줄 수 있는데, 이렇게 물이나 진흙을 흡수하면 방한효과가 많이 떨어졌다. 그 때문에 제2차 세계대전이 끝날 무렵에는, 코트는 거의 "야전에서 굴러다닐 일이 거의 없는 후방용" 방한장비가 되었다.

전투복이 보급됨에 따라, 병사들은 전투복 밑에 「스웨터」를 껴입게 되었다. 스웨터는 하이넥 스웨터와 베스트 스타일의 스웨터가 있었고, 민수품을 전용한 것이 많았다. 사제 스웨터라 하더라도 색상만 군의 규정에 벗어나지 않았다면 문제 삼지 않았다.

장갑은 「울 장갑」을 먼저 끼고 그 위로 「가죽 장갑」을 끼면 따뜻하였다. 「벙어리장갑」은 방한성능이 뛰어나지만 총의 방아쇠를 당길 수 없기 때문에, 검지손가락만 독립한 형태로 만들어 졌다.

모자는 헬멧 안에다 쓰는 울로 만든 「니트 캡」이다. 접히는 부분을 밑으로 내려서 귀를 덮을 수 있어서, 야전용 **작업모**로도 사용되었다. 제2차 세계대전 후반에는 **OD**색상의 필드 캡으로 변경되어 사라졌지만, 지금도 같은 디자인의 모자는 사용되고 있다.

방한장비나 방한 속옷에는 니트나 울 소재가 사용되었으나, 현재는 폴리에스테르 플리스가 인기이다. 이것은 인공 울 이라고도 불리는 소재로 가볍고, 싸고, 물 세탁이 가능하고, 잘 마르지만, 불에 극단적으로 약하다.

방한용 피복

> 추위를 견디기 위해서는, 여러 가지 방한용 피복을 같이
> 껴입을 필요가 있다.

●방한 코트

전투복의 등장으로 인하여, 점차 제복용 방한장비가 되었다.

●스웨터

전투복 밑에 껴입는 방한피복. 실내 사무일을 이 복장으로 하기도 한다.

●방한장갑

총의 방아쇠를 당기기 위하여 검지손가락 부분이 독립되어 있다.

●니트 캡

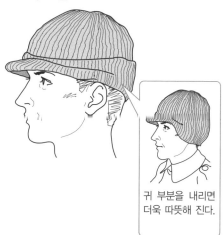

귀 부분을 내리면 더욱 따뜻해 진다.

원포인트 잡학상식

발에 착용하는 방한구로 「오버슈」라는 것이 존재한다. 이것은 군화 위에다 착용하는 장화와 같은 것으로 단열효과를 만들어내서 동상으로부터 발을 보호한다.

비옷인데 습기가 차지 않고 쾌적하다?

군대에서는 비가 내리더라도 "손에 들어야 하는" 우산은 사용할 수 없다. 그래서 비옷이나 판초를 입게 되지만, 이러한 우비는 통풍이 되지 않고 습기가 많이 차기 때문에, 비는 막아주어도 자기가 흘리는 땀 때문에 흠뻑 젖게 된다.

● 첨단기술 소재「고어텍스」

양손을 자유롭게 사용할 수 있는 상태로 착용 할 수 있는 우비는「비옷」이나 **판초**와 같은 것 이지만, 이러한 우비는 자신이 흘리는 땀(=수증기)이 내부에 쌓이게 되어 젖게 되는 단점이 있었다.

그래서 만들어낸 것이 밖에서 들어오는 비는 통과시키지 않는 "방수성"과, 옷 안에 머무르려 하는 수증기를 밖으로 내보내는 "투습성"이라는 상반된 성질을 겸비한「고어텍스」라는 신소재이다.

일반적인 우비라도 방수 스프레이를 뿌려서 방수성을 향상시키는 것은 가능하였으나, 젖은 부분에 강한 압력을 가하면 섬유 내부에 물이 들어가게 된다.

그러나 고어텍스의 경우, 압력을 가하여도 수분이 침투하는 일이 없다. 이것은 고어텍스의 섬유가「물 분자보다 작고, 수증기의 분자보다 큰 무수히 많은 구멍이 뚫린 막」과 같은 형태로 되어있기 때문이다.

원래 민간에서 개발된 소재이지만, 1970년대 미국에서 아웃 도어 용품이나 레인 웨어로 인기를 끌어, 결국 군용으로도 사용하게 되었다. 우비나 방한용 파카뿐만 아니라, 야전복의 바지나 **군화**, **장갑**에도 사용되고 있다.

고어텍스는 얇은 필름과 같은 소재로, 발수성(물을 튀겨내는 성질)이 높은 나일론과 같은 섬유를 겹쳐서 사용한다. 이것은 나일론으로 물을 튀겨내어 표면에서 털어내서 습기가 빠져나가기 용이하게(투습성을 높이기 위해) 하려는 것으로, 나일론 표면이 손상되어 발수성이 저하되면 표면에 수막이 생겨, 습기를 배출하는 기능이 저하하게 된다. 때문에 고어텍스 제품은 반드시 꼼꼼하게 손질해 주어야만 한다. 또한 나노테크놀로지를 사용한 첨단기술 제품이기에 가격이 매우 비싸서, 부대원 전원에게 지급을 할 수 없는 경우가 많다.

고어텍스제 비옷

고어텍스란······
물을 통과시키지 않는 「방수성」과,
습기를 배출하는 『누습성』를 겸비한 소재.

1969년에 「밥 고어」라는 사람이 케이블 절연체를 늘어뜨려서 만든 막에서 발견한 섬유소재이다. 이후 텐트 소재로 사용된 것이 계기로, 아웃도어 용품을 중심으로 널리 사용이 되었다.

● 고어텍스제 비옷의 구조

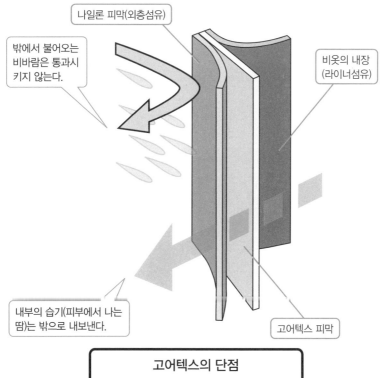

나일론 피막(외층섬유)

밖에서 불어오는 비바람은 통과시키지 않는다.

비옷의 내장 (라이너섬유)

내부의 습기(피부에서 나는 땀)는 밖으로 내보낸다.

고어텍스 피막

고어텍스의 단점
● 꼼꼼하게 손질해야만 한다.
● 첨단기술 제품이기 때문에 매우 비싸다.

원포인트 잡학상식

고어텍스는 세탁을 하면 할수록 성능이 떨어지기 때문에. 훈련 등을 포함한 일상적인 측면에서 사용하기에는 채산이 맞지 않는다는 평가가 있다.

판초는 간편한 위장도구이다?

판초란 커다란 천의 가운데에 머리를 집어넣을 수 있는 구멍을 뚫고, 남은 천을 망토와 같이 내려뜨려서 입는 겉옷이다. 방한이나 우비로서 착용하는 중남미의 전통의상이지만, 지금은 이렇게 머리를 집어넣고 입는 타입의 겉옷을 통칭하는 말이기도 하다.

● 1장의 천이기 때문에 여러 가지로 응용할 수 있다

판초poncho란 원래 스페인어로 「겉옷」이란 의미이지만, 지금은 "구멍이나 트임에 머리를 통과시켜서 그대로 입는 타입의 겉옷"을 지칭하는 것이 일반적이다.

전통의상으로 입는 대부분의 판초는 방한성이 뛰어난 모직물이지만, 현재는 나일론이나 고어텍스로 만들어 진 것도 많다. 접어도 부피가 크지 않은 것이 특징으로, 백팩(배낭)의 포장재로도 사용할 수 있다.

주로 우비로 사용 하지만, 레인 웨어 형태의 우의─이른바 비옷타입에 비하여 머리 위로 쓰기만 하면 되기 때문에 착용이 간단하다. 갑자기 내리는 소나기와 같은 비에도 대응할 수 있을 뿐만 아니라, 비가 내리지 않더라도 「방한, 방풍용 아이템」으로 간편하게 사용할 수 있다는 장점이 있다.

이 외에도 병사나 장비의 위장에도 사용할 수 있다는 장점이 있다. 특히 후드가 달려있는 것은 얼굴과 신체의 라인을 감춰주기 때문에, 총격전이나 정찰을 할 때 위장효과를 기대 할 수 있다. 적이 이쪽을 보는 경우, 설사 발견을 하였다 하더라도 그것이 「인간의 실루엣」을 하고 있지 않다면, 발포하지 않을 가능성도 존재하기 때문이다.

이 경우 판초 표면에 위장무늬를 집어 넣으면 그 효과는 증대하여, 만약에 발각되었다 하더라도, 순간의 차이가 생사를 가르는 전장에서는 귀중한 시간을 벌 수 있다.

일반적인 판초의 사이즈는, 사람이 양팔을 벌린 길이를 기준으로 하여 정사각형이나 삼각형이다. 엄체나 참호(방어용 굴이나 구덩이)에 덮어 씌우면, 카무플라주 네트(위장망)로 사용하는 것도 가능하다. 쪼그리고 앉아서 몸에 두르거나, 2장의 판초를 합체시키는 것으로 개인용 텐트 대용으로 사용할 수 도 있는 모델도 존재한다.

비옷으로도 사용하고 위장 아이템으로도 사용하고

이러한 천을 머리 위로 뒤집어 쓰면……

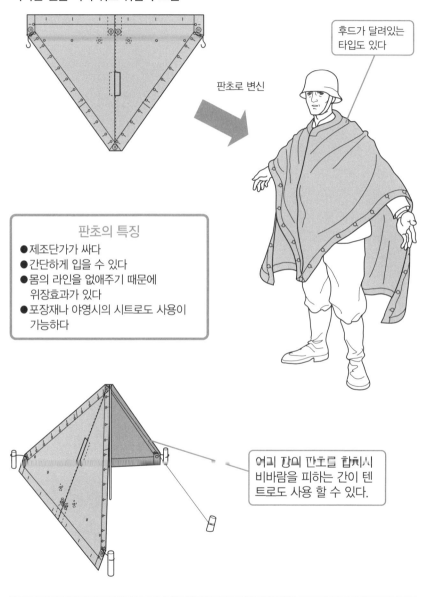

판초로 변신

후드가 달려있는 타입도 있다

판초의 특징
● 제조단가가 싸다
● 간단하게 입을 수 있다
● 몸의 라인을 없애주기 때문에 위장효과가 있다
● 포장재나 야영시의 시트로도 사용이 가능하다

어괴 장의 판초를 합쳐시 비바람을 피하는 간이 텐트로도 사용 할 수 있다.

원포인트 잡학상식

판초는 흰색인 동계사양과 외장색인 것도 있어서, 옷자락을 벨트나 단추로 걸어 올려서 스모크(smock)로 사용 할 수도 있다.

군인은 어떤 모자를 쓰는가?

군인의 머리 위에 올려져 있는 것이라 한다면 제복경관이 쓰고 있는 것과 같은 「정모」나 전투용 「헬멧」 등이 있으나, 이 외에도 여러 가지 모자를 쓰고 있다. 대부분은 기능성을 중시하고 있어서, 개중에는 약식 복장으로 인정받은 것도 있다.

● 카우보이 모자나 야구 모자와 같은 것까지 있다?

군인의 옷장에는 다양한 모자가 들어가 있다. 그 중에서도 특징적인 것이, 카우보이가 쓰는 모자처럼 생긴 「부시햇bush hat」이다.

이 모자는 베트남 전쟁 때 미군이 사용했던 "챙이 넓은 모자"로, 머리위로 흘러내리는 비나 물방울이 시야를 방해하는 것을 막아주는 역할을 해서, 비옷이나 판초를 입은 상태에서 전투를 하기 쉽다. 필요 없을 때는 접어서 주머니에 넣을 수 있고, 강한 햇볕으로부터 머리를 보호해 주기도 하였다.

원래는 병사들이 자비로 구입을 하였던 장비였으나, 이후에 「부니햇(정글햇)」이라는 이름으로 제식화되어 지급되었다. 이외에도 「어드벤처햇」, 「컴뱃햇」과 같은 다양한 이름으로 불렸으나, 기본적으로는 같은 물건의 별칭이다.

야전복과 세트로 착용하는 것이 「야전모」이다. 기본적으로 야전복과 같거나 비슷한 소재로 되어있어, 헬멧을 착용하지 않을 때 쓴다. 자위대에서는 「작업모」라고 부르며, 모자의 모양을 살리기 위하여 위쪽에 와이어를 집어넣기도 한다(모자를 쓰지 않을 때는 벨트 뒤에 모자 챙 부분을 끼워 넣는다).

기지에 있을 때는 「약모」를 착용하기도 한다. 병사는 항상 비전투시에도 용모를 단정하게 유지해야 하기 때문에 "맨머리로 있는 것은 좋지 않다"라는 생각에서 약모를 착용한다.

약모와 가까운 것으로 「식별모」라는 것이 있다. 이것은 야구모자 타입의 부드러운 "챙이 달린 모자"로서, 기지나 주둔지 내부에서만 착용한다. 지급품은 아니며, 부대별로 자체적으로 발주하여 자비로 구입한다. 색상이나 디자인은 각 부대별로 다르며, 부대의 단결이나 사기고양이 목적이다.

또한 약모란, 제복과 같이 착용하는 정식 모자인 「정모」에 반대되는 말이다. 개인적으로 소유하고 있는 모자가 아닌 이상, 어떠한 형태의 모자라도 "군에서 제식으로 채용하고 있는" 것으로, 이러한 모자를 통틀어서 「제모」라고 부르기도 한다.

군대에서 사용되는 다양한 모자

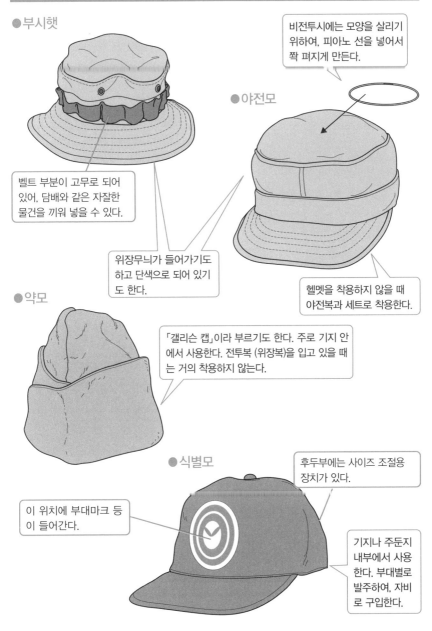

●부시햇

비전투시에는 모양을 살리기 위하여, 피아노 선을 넣어서 쫙 펴지게 만든다.

●야전모

벨트 부분이 고무로 되어 있어, 담배와 같은 자잘한 물건을 끼워 넣을 수 있다.

위장무늬가 들어가기도 하고 단색으로 되어 있기도 한다.

헬멧을 착용하지 않을 때 야전복과 세트로 착용한다.

●약모

「갤리슨 캡」이라 부르기도 한다. 주로 기지 안에서 사용한다. 전투복 (위장복)을 입고 있을 때는 거의 착용하지 않는다.

●식별모

후두부에는 사이즈 조절용 장치가 있다.

이 위치에 부대마크 등이 들어간다.

기지나 주둔지 내부에서 사용한다. 부대별로 발주하여, 자비로 구입한다.

원포인트 잡학상식

정모 이외의 모자는, 헬멧을 벗자마자 쓸 수 있도록 「둥글게 접어서 주머니에 넣어둘 수 있는」것이 많다.

베레모를 쓰는 방법에는 법도가 있다?

「그린 베레」라는 이름의 특수부대가 매우 유명한 것처럼, 군대와 베레모는 깊은 연관성을 가지고 있다. 베레모란 단순하게 장비로서의 모자가 아닌, 부대원들이 정신적으로 의지하는 대상이기도 하다.

● 오른쪽이냐, 왼쪽이냐

베레모란 울이나 펠트 천으로 만들어진, 테두리를 부드러운 가죽띠로 고정시킨 간소한 "챙이 없는 모자"이다.

특수부대가 베레모를 채용한 것은, 「프렌치 인디언 전쟁」이 그 유래라고 알려져 있다. 이 전쟁에서 영국 쪽에 참가한 비정규부대인 「로저스 레인저스」의 녹색 베레모가 기원이 되었다는 설이다.

2번의 세계대전을 거치고 베레모는 여러 국가와 부대에 채용되었다. 베레모는 구조가 단순하고 재료도 비싼 것이 사용되지 않기 때문에, 어떤 나라건 받아들이기 쉬웠다는 배경도 있을 것이다.

군용 베레모의 컨셉을 확립한 것은 영국이라 한다. 영국군은 적극적으로 베레모를 사용한 결과, 제2차 세계대전 때 영국으로 망명한 유럽 각국(현재 NATO국)에도 영향을 주었다 한다. 많은 국가에서는 "베레모의 늘어진 부분을 오른쪽에 두고, 왼쪽을 세워서 기장을 다는"영국 방식을 채택하였으나, 이 역시 이러한 경위가 영향을 준 것이라 생각된다. 참고로 "늘어진 부분을 왼쪽에 두고 오른쪽을 세우는" 프랑스식 방식이란 것도 있어서, 이 두 가지 방식이 쌍벽을 이룬다.

전투 중에 베레모를 착용하는지는 국가나 시대에 따라 다양하지만, 영국의 코만도부대에서는 최근까지 베레모를 쓰고 전투에 임하는 성향이 강하였다. 그러나 미국을 비롯한 많은 국가들은 전투 중에는 **헬멧**을 착용한다.

색상에 대해서는 국가별로 다르지만, 녹색은 공수부대, 검정색은 전차부대와 같이 부대나 병과 별로 색상을 달리하여 다른 병사들과 차별화를 하는 경우가 많다.

이러한 방법은 「베레모 = 특수한 군장」을 착용하는 것으로 엘리트 의식을 자극하는 동시에, 「베레모를 부대의 결속 강화를 위한 특별한 상징」으로 만드는 의미도 있다.

베레모 착용법

천이 남은 부분을 늘어뜨리는 방향에 따라서······

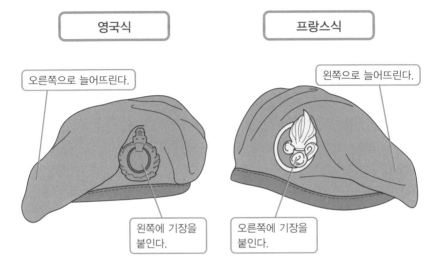

| 영국식 | 프랑스식 |

오른쪽으로 늘어뜨린다.

왼쪽으로 늘어뜨린다.

왼쪽에 기장을 붙인다.

오른쪽에 기장을 붙인다.

이러한 차이가 어디서 생겼는지에 대해서는 정설이 없다.

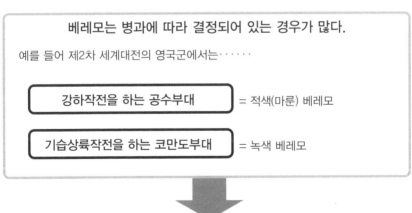

베레모는 병과에 따라 결정되어 있는 경우가 많다.

예를 들어 제2차 세계대전의 영국군에서는······

강하작전을 하는 공수부대 = 적색(마룬) 베레모

기습상륙작전을 하는 코만도부대 = 녹색 베레모

● 특수한 장비를 착용하는 것으로 엘리트 의식을 자극한다.
● 부대의 결속과 강화를 이루기 위한 상징.

······과 같은 의미도 있다.

프랑스군에서 「코만도 마린(해병대 코만도 부대)」에서는, 영국 방식의 착용방법을 택하고 있다.

나이프를 잡아도 베이지 않는 장갑이 있다?

장갑은 방한이나 손을 보호하기 위하여 착용하는 주머니 형태의 피복이다. 이른바 「목장갑」에서 시작하여, 가죽제의 고급스런 장갑이나 위장처리가 된 장갑까지 다양하지만, 특수부대에서는 나이프의 날을 잡을 수 있는 대단한 장갑을 사용하기도 한다.

● 스펙트라 섬유로 만들어진 특수장갑

손을 보호하는 것은, 전투를 계속 수행하는 데 있어 중요한 요소라 할 수 있다. 손을 다치게 되면 무기를 잡을 수 없는 것은 물론이고, 장비의 탈착이나 사용에도 지장이 발생할 수 있기 때문이다.

"손을 지킨다" 라는 면을 고려하여 가장 뛰어난 성능을 가지고 있는 것이, 나이프의 날을 잡아도 베이지 않는 「스펙트라 글러브」라 불리는 장갑이다.

스펙트라란 「얼라이드시그널」이란 회사(현재는 허니웰과 합병)의 상표명으로, **방탄조끼**에도 사용되는 특수섬유이다. 이 섬유의 정체는 고강도 폴리에틸렌이라는 고분자섬유이다.

매우 가벼우며, 방탄과 방검섬유로 유명한 「케블라」이상의 강도를 지니고 있는 스펙트라 섬유는, 나이프 전투가 벌어질 때 방어용으로 사용되는 것 이외에도, 특수부대에서 레펠링(로프를 사용한 강하)을 할 때, 화상이나 찰과상으로부터 손을 보호하는 기능이 있다.

이에 비하여 일반적인 군용장갑―이른바 「목장갑」이라 불리는 장갑이 전투용으로 뛰어난 성능을 발휘하는가 라는 점에는 의문이 남는다. 군에서 지급된 목장갑은 **OD**색인 것 이외에는 시중에 나도는 흰색 목장갑과 아무런 차이가 없어서, "섬세한 작업을 하기 불편하다", "잘 미끄러진다" 와 같은 문제점도 있기 때문이다.

이러한 목장갑은 전투를 할 때 보다, 구멍을 파거나 짐을 옮기는 것과 같은 작업에 더 많이 사용된다. 가격이 싸기 때문에 대량으로 쓰고 버릴 수 있는데다, 좌우겸용이기 때문에 한쪽을 못쓰게 되더라도 돌려 쓸 수 있는 등의 장점도 있기는 하지만, 역시 전투를 할 때는 좀더 "튼튼한 장갑"을 준비해두지 않으면 안된다.

병사들이 찾는 튼튼한 장갑은 군대의 매점(PX)에서 손에 넣을 수 있다. 고무로 된 미끄럼 방지 처리가 된 장갑이나, 비행점퍼에 사용되는 것과 같은 소재를 사용한 잘 타지 않는 (난연성)장갑 등이 있어서, 병사들은 자비를 들여서 구입을 한다.

전투용 장갑

「손」을 보호하는 것은 중요하다

● 스펙트라 글러브

스펙트라 섬유를 이용한 「베이지 않는」장갑.

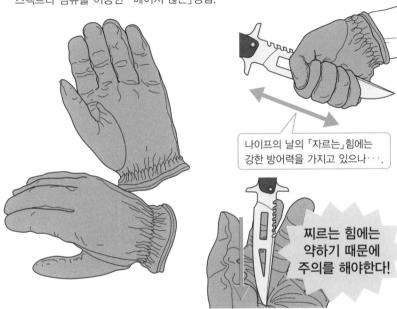

나이프의 날의 「자르는」힘에는
강한 방어력을 가지고 있으나···.

찌르는 힘에는
약하기 때문에
주의를 해야한다!

● 군에서 지급되는 것은···

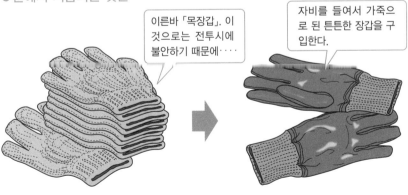

이른바 「목장갑」. 이
것으로는 전투시에
불안하기 때문에····

자비를 들여서 가죽으
로 된 튼튼한 장갑을 구
입한다.

스펙트라 섬유는 이 외에도 「방검 셔츠」나 「목 보호대」, 「방검 재킷」과 같은 여러 제품에 사용되고 있다.

군화에 요구되는 요소란

군화에 요구되는 사항은 단순하다. 즉 장기간 행군이나 전투 등으로 혹사당하는 병사의 발을 보호하여, 전투력을 저하시키지 않게 하는 것이다. 지금도 새로운 첨단기술 소재가 계속 채용되어, 그 기능은 진화를 거듭하고 있다.

● 튼튼함과 쾌적함과

군대의 병사, 특히 보병은 도보로 행동하는 것이 기본이다. 최근에는 "기계화보병"이라는 장갑차나 트럭으로 전장을 이동하는 보병도 많지만, 마지막까지 차량에 탑승한 채로 있을 수 있는 것은 아니어서, 결국 마지막에는 자신의 다리로 걸어야만 한다.

그렇기 때문에 군화는, 병사가 격렬하게 움직여도 지면에서 전달되는 충격을 완화하는 쿠션역할을 수행할 필요가 있다. 동시에, 발로 지면을 확실하게 밟고 있을 때는 몸을 안정시켜야만 한다.

이 경우, 발로 지면을 밟았을 때는 큰 힘이 걸리는 「발끝」이나 「발꿈치」의 강도가 문제가 된다. 이 부분을 튼튼하게 만들지 않으면 발로 지면을 밟았을 때 몸인 안정되지 않을 뿐만 아니라, 장기간의 행군에 있어서도 더욱 피로해지기 때문이다. 물론 뾰족한 바위나 유리파편에서 병사들의 발을 보호하는 것에 있어서도, 구두 바닥 부분의 내구성은 소홀히 할 수 없는 중요한 요소라고 할 수 있겠다.

걷기 쉽고, 달리기 쉬운 것 만이라면 민간의 런닝 슈즈나 트래킹 슈즈라도 상관이 없으나. 행군이나 전투를 할 때, 구두의 틈으로 작은 돌이나 모래, 깨진 바위, 딱딱한 벌레 등이 구두 안으로 들어오게 되면, 걷거나 뛰는 것이 곤란해진다. 이러한 이유로 군화는 복사뼈 위─발목의 조금 위쪽 부분 까지 감싸는 구조로 되어있는 것이 대부분이다. 이는 발목을 고정하기 위한 의도도 있어서, 다리를 접질리거나 삐는 확률이 줄어든다.

다리를 감싸는 면적이 커지면, 그 만큼 땀을 배출하기가 어려워져서 군화의 안쪽이 눅눅해진다. 군화 안이 축축하면 기분이 나쁘고, 정신적인 면에서도 피로에 큰 영향을 미친다. 그 때문에 군화의 통기성에는 충분히 신경을 써야 하며, 특히 무좀에 걸리지 않도록 각별한 주의를 기울여야만 한다.

싸우기 위한 구두

군화에 요구되는 요소

● 지면에서 발로 전달되는 충격을 완화시키는 「쿠션성」

● 발로 지면을 밟을 때 신제를 지지하는 「인칭싱」

＋ 이에 더하여……

● 발에 꼭 맞아서 땀이 차거나 구두에 쓸리지 않는 「쾌적성」

쾌적성
소프트레더(석유등을 원료로 한 합성가죽)이나 코듀라 나일론을 이용하여 신기 편한 군화를 추구.

쿠션성
군화의 바닥(소울)을 두껍게 하여, 충격흡수소재를 사용하는 것으로 다리에 부담을 경감시켰다.

안정성
부하가 걸리는 발끝이나 발꿈치 부분을 튼튼하게 만들어서, 홈(패턴)의 형태를 연구, 개발하는 것으로 그립력을 향상시킨다.

원포인트 잡학상식

1980년대까지 대부분의 군화가 전부 가죽으로 만들어졌기 때문에, 기능을 유지하기 위해서는 매일 손질을 해야만 했다. 그러기에 신병은 제복의 다리미질과 함께 군화를 닦는 방법을 배운다.

군화는 장화의 대용품이 되는가?

군화는 장화와 같은 범위를 감싸고 있기 때문에, 물 웅덩이에 발이 빠진다 하더라도 젖지 않을 것 같기도 하다.
그러나 군화는 발목의 가동범위나 통기성을 확보하기 위해서 빈틈이 많기 때문에, 방수성을 기대할 수는 없다.

● 물이 들어오는 것이 당연하다

군화는 장화와 같이 발목 위까지 발을 감싸고는 있지만, 보기보다 빈틈이 많아서 장화 (우천용)를 대신할 수는 없다. 원래 군화는 "딱딱한 지면을 달리거나 걸을 때 다리가 받는 데미지"를 최소화 하기 위한 것으로, 방수성은 고려를 하지 않았다.

고무로 된 구두창에는 여러 가지 패턴(홈)이 파져 있는데, 이 홈은 타이어에 파져 있는 홈이 젖은 노면을 지나가면서 물을 배출하여 미끄러지지 않는 것과 같은 역할을 한다." 물에 젖은 지면이라도 잘 미끄러지지 않는다"라는 의미로는 「우천 대응 설계」라고도 생각할 수 있지만, 이 역시 다리가 물에 젖지 않도록 하기 위한 것이 아니기 때문에, 군화를 장화와 같은 것으로 취급하기에는 무리가 있다.

게다가 1990년대까지 주류였던 「전부 가죽으로 만들어진 군화」의 경우, 젖은 채로 손질을 하지 않으면 곧바로 딱딱해지고 금이 가서 사용할 수 없게 되었다. 일반적으로 진흙을 털어내고 구두약으로 빤짝빤짝하게 닦아내지만, 착용한지 얼마 안 되는 새로운 군화는 딱딱하고 아직 길들어 있지 않기 때문에, 군화에 쓸려서 발에 상처가 나기 전에 보혁유保革油라는 기름을 발라서 가죽을 부드럽게 만들어야만 했다. 신병이 입대하면 군화 관리에 대하여 엄격하게 교육을 받는 것에는, 용모를 단정하게 유지시키려는 것 이외에도, 장비를 오래 사용하게 하려는 목적도 있다.

현재의 최신형 군화는, 고성능소재를 사용하여 한 켤레의 군화를 어떤 환경에서도 사용할 수 있다. 예를 들어 부드러운 발수성 가죽과 고어텍스를 같이 사용한 군화는 값은 비싸지만, 착용감과 방수성을 동시에 갖추고 있다. 스포츠 웨어에서 사용되고 있는 「쿨맥스」는 건조속도가 면의 6배에 달해서, 안쪽의 수분을 방출해서 바깥 공기를 집어넣는 것으로 "기화열로 인한 냉각효과"를 만들어 낸다. 이 때문에 군화 안쪽이 심하게 젖더라도, 빠르게 건조가 되어 쾌적한 상태를 만들 수 있게 되었다.

군화의 방수성능

군화는 여기저기 빈틈이 있기 때문에
장화 대용으로 사용할 수 없다.

방수성을 향상시키기
위해서는 어떻게 해야······

무리!
원래 군화는 발이 젖지
않도록 하는 장비가 아닌,
부상 방지나 미끄럼
방지가 목적인 장비이다.

그렇다면 발이 젖는 것을 신경쓰지 마라.
무좀에 걸리기 전에 말리면 문제 없을 것이다.

주의점

● 양말은 자주 갈아 신어라
● 군화에 기름을 발라서 손질하는 것을 잊지말라

군화의 바닥에 새겨진 패턴(홈)은,
미끄럼 방지와 동시에 노면과 바닥
사이에 있는 물을 배출하는 역할을
한다.

원포인트 잡학상식

현재는 「쿨 맥스」로 대표되는 속건성소재를 사용하여 단시간에 건조되는 군화가 등장하였다.

정글화 바닥에는 철판이 들어가 있다?

정글화는 울창한 밀림을 이동하기 위해 미군에서 개발한 특수한 군화이다. 베트남전쟁에서는 미군 병사가 이 정글화를 신고 싸웠지만, 정글화의 바닥에는 특수한 가공이 되어 있었다.

● 싸워야 할 상대는 습기와 트랩

베트남의 정글과 같은 고온 다습한 환경에서는, 가죽으로 만든 군화는 적합하지 않다. 가죽은 튼튼함과 높은 방수성이라는 특징을 가지고 있지만, 습지대에서는 이런 특징이 원인으로 내부에 습기가 차서 젖는 사태가 발생한다.

젖은 군화를 계속 신고 있으면 그 순간 무좀에 걸린다. 「그깟 무좀 가지고」라고 우습게 생각해서는 안된다. 무좀균은 번식력이 대단해서, 한번 걸리면 순식간에 심각해 진다. 무좀이 심각해지면 걷는 것조차 어렵게 된다.

게다가 젖은 군화는 마르면 딱딱해지기 때문에, 발이 까지는 것과 같은 데미지도 생각을 하지 않을 수 없다. 여기에 더해서, 적이 설치해 놓은 트랩에도 대응할 필요가 있었다. 이것은 낮은 구덩이 함정에 "분뇨를 칠해 놓은 못"을 늘어놓은 악질 트랩으로, 밟은 미군 병사의 발에 상처 내서 염증이나 화농을 일으켰다.

정글화는 이러한 현장의 요구와 데이터를 종합하여, 트랩 대책과 통기성 향상을 염두에 두고 개발되었다.

트랩 대책으로는, 정글화의 발 안쪽 바닥과 밑바닥 사이에 알루미늄 판을 끼워 넣었다. 밑바닥에는 합성고무가 사용되었으나, 내부에 금속 판을 넣는 것으로 트랩이 발에 주는 데미지를 막으려 한 것이다.

습기 대책으로는 군화를 전부 가죽으로 만드는 것을 그만두고, 군화의 윗부분에 캔버스를 사용하는 것으로, 군화가 젖었다가 마르더라도 유연함을 유지하게 만들었다. 배수용 구멍(드레인 포트)을 몇 개 만들어서 배수가 잘되게 만들고, 면과 같은 소재도 같이 사용하여 "착용감이 좋고 습기가 차지 않게" 만들었다.

여기에 "군화를 자주 벗어서 발을 말리는" 원시적인 대책법을 같이 사용할 수 있도록, 군화 지퍼라는 옵션을 장착해서, 간단하게 신거나 벗을 수 있도록 만든 정글화도 있었다.

정글화

고온 다습한 전장에 알맞는 신개발 군화가 등장!

●포인트1 : 통기성의 향상

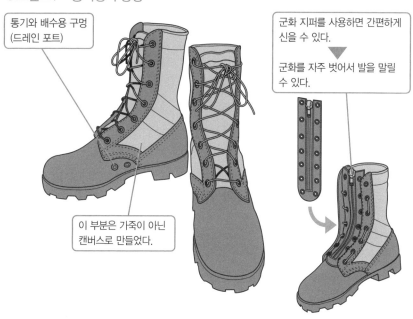

통기와 배수용 구멍
(드레인 포트)

이 부분은 가죽이 아닌
캔버스로 만들었다.

군화 지퍼를 사용하면 간편하게
신을 수 있다.

군화를 자주 벗어서 발을 말릴
수 있다.

●포인트2 : 트랩대책

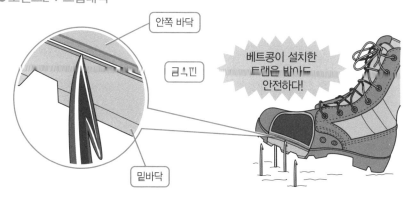

안쪽 바닥

금속핀

밑바닥

베트콩이 설치한
트랩은 밟아도
안전하다!

원포인트 잡학상식

정글화의 구두창에는 다양한 타입이 존재하여, 진흙이나 흙이 잘 끼지 않도록 특수한 패턴이 새겨져 있던 것이나, 현지 주민들의
발자국으로 위장하기 위한 「맨발」모양의 구두창도 있었다.

85

예전 군화에는 구두징이 사용되었다?

군화에 요구되는 기능 중에는 '미끄럼 방지' 라는 것이 있다. 바닥이 고무로 되어있어 「미끄럼 방지용 요철(홈)」
을 간단하게 만들게 될 때까지는, 바닥에 「구두징」을 박아 넣어서 사용하였다.

● 미끄럼 방지를 위한 시행착오

옛날 전쟁만화에서는, 군화를 신은 캐릭터가 등장할 때에 「GAZ!」라는 의성어가 사용된
다. 또한 「군화 소리」라는 말은, 군화를 신은 군대의 행진을 표현한 것이다.

지금이야 군화에 합성섬유와 같은 다양한 소재가 조합이 되어 사용 되지만, 예전에 군
화의 재료로는 가죽이 유일하였다. 가죽을 군화의 형태로 조립하여 재봉을 해서, 긴 끈으
로 묶는 것으로 발목을 고정하는 것이다. 구두창이나 발꿈치 부분이 닳아서 헤지지 않도
록 딱딱한 가죽을 몇 개 겹쳐서 보강하고 있지만, 여기에는 미끄럼 방지용 「구두징」이 박
혀있었다.

군화뿐만 아니라, 요즘 구두 바닥에는 미끄럼 방지를 위하여 울퉁불퉁하게 가공이 되어
있지만, 이러한 가공이 가능하게 된 것도 형태를 자유롭게 형성할 수 있는 「합성고무」가 보
급되었기 때문이다.

제2차 세계대전 때, 본국이 전쟁을 안했기에 자원이 윤택하였던 미군에서는 합성고무
로 된 구두창을 사용한 군화를 대량으로 생산하여 지급할 수 있었다. 녹인 고무를 틀에 부
어 넣는 것 만으로도 어떤 패턴의 구두창이라도 만들 수 있는 고무제 구두창은 대량생산
에 적합하여, 저비용으로 군화를 생산할 수 있었다.

그러나 이러한 경우는 예외적인 것으로, 당시 대부분의 군대에서는 가죽으로 된 구두창
에 구두징을 박은 군화를 사용하였다.

구두징은 미끄럼 방지에는 도움이 되었으나, 금속으로 되어 있어서 지면의 열을 발바
닥에 잘 전달해주어, 사막에서는 화상의 원인이 되기도 하였다. 또한 한냉지에서는 발의
열을 밖으로 빼주는 역할을 하여, 지면의 냉기로 인해서 동상을 일으킬 위험도 있었다.

이러한 지역에서는 구두징이 없는 군화를 사용하는 것이 정석이지만, 군화 위에 「오버
슈」를 장착하거나, 한 사이즈 큰 군화를 신고 안에 밀짚이나 신문지를 채워 넣는 응급처
치를 하기도 하였다.

군화 소리의 기원은

구두창을 가죽으로 만들었던 시대……
미끄럼 방지라고 한다면「구두징을 박아 넣는」
것 밖에 없었나.

옛날 군화의 바닥

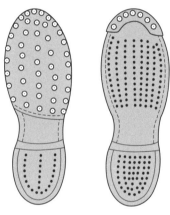

미끄럼 방지용의 구두징이 인정사정
없이 빼곡히 박혀 있었다.

현재의 군화

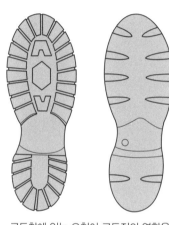

구두창에 있는 요철이 구두징의 역할을
대신한다.

●오버 슈

고무로 방수가공 처리가 된 천으로
만든 군화. 일반적으로 신는 군화 위
에 신는 것으로 단열효과를 높인다.

원포인트 잡학상식

제2차 세계대전의 러시아(독소전)에서는 구두징을 통해서 전해지는 지면의 냉기로 인하여 많은 독일 병사들이 발에 동상을
입었지만, 소련군 병사들은 구두징이 없는 커다란 군화에 밀짚을 넣어서 동상을 예방했다.

일본병사가 다리에 두르고 있는 천에는 어떤 의미가 있는가?

제2차 세계대전 때 일본군 병사가 다리에 두르고 있던 붕대와 같은 것을 「게트르(권각반)」이라 한다. 바지 자락부터 발목에 걸쳐서 얇고 긴 천으로 몇 겹이고 감는 것으로, 구두 내부에 이물질이 들어가지 않게 하는 것이다.

●천 한 장 감는 것으로 군화와 같은 효과를 얻는다

병사들의 구두로서 일반적이었던 가죽 장화(군화)는, 복사뼈나 발바닥을 보호하는 동시에, 군화 안으로 자갈이나 모래가 들어가지 않도록 하였다. 그러나 군화를 한 짝 만드는 데는 상당한 양의 가죽이 사용되기 때문에, 많은 양을 생산하려면 돈과 인력과 자원 등을 대량으로 사용해야 하는 것이 어려운 점이었다.

제2차 세계대전에서는 독일군이나 소련군이 「무릎 밑까지 오는 긴 군화」를 신었으나, 전쟁말기 자원이 심각하게 부족했을 때에는 목이 긴 군화를 만들지 못하게 되었다. 그래서 사용된 것이 「게트르」라 불리는 붕대와 같은 천이었다. 이 천을 몇 겹으로 감으면 군화와 같이 발목을 보호할 수 있으며, 이와 동시에 바지 자락이 방해가 되지 않도록 정리를 할 수가 있었다.

게트르를 사용하여 비용을 줄일 수는 있었으나, 착용하는 데 시간이 많이 걸려서 익숙하지 않은 병사는 제대로 착용할 수 없었다. 이러한 점에서, 제2차 세계대전 때의 미군과 영국군이 사용한 「레깅스」라는 각반은, 정사각형의 천이나 가죽을 덮어서 금속부품으로 잠그는 방식이었기 때문에 간단하게 장착 할 수 있었다.

레깅스는 게트르보다 빈틈이 많이 생기기는 하지만, 장착에 필요한 시간이 비교할 수 없을 정도로 짧았다. 구두를 간단하게 신고 벗을 수 있다는 것은, 그만큼 휴식 시간에 구두를 벗어서 발을 쉬게 해주는 것이 쉬웠다는 것이다.

게트르는 이전부터 존재하였던 장비로서, 영국군이나 프랑스군에서는 예전부터 사용되었다. 일본군의 「권각반^{巻脚絆}」도 이것과 비슷한 것이라 할 수 있다. 이것은 품질은 나쁘지만 싼 맛에 쓰는 대용품이 아닌, 장딴지를 적당하게 압박하는 것으로 장기 행군에서 발의 피로를 덜어주는 역할을 하였다. 보병에게도 목이 긴 가죽군화를 신겼던 독일군에서도, 산악에서 행동하는 병사들에게 게트르를 장비시켰을 정도이다. 그러나 역시 "피로를 덜수 있도록 효과적으로 묶는 법"이란 요령이 필요하여, 군화가 보급이 되자 사라지게 되었다.

게트르와 레깅스

게트르(권각반)은, 구두나 군화 안에 자갈이나
모래가 들어가는 것을 막아주는 장비이다.

● 이러한 형태로 게트르를……

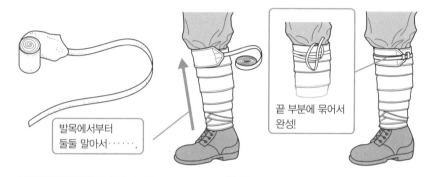

발목에서부터
둘둘 말아서…….

끝 부분에 묶어서
완성!

장점	단점
● 다리의 피로가 경감된다. ● 싸게 만들 수 있다.	● 다리에 감는 것에 손이 많이 간다 ● 방심하면 흘러내려간다

발목 부분 (3~4번 감는 정도)에만
감는 「단 게트르」라는 것도 있다.

미국이나 영국에서는
「레깅스」를 사용.

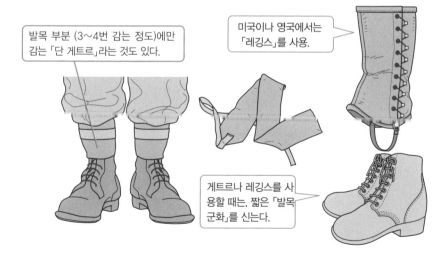

게트르나 레깅스를 사
용할 때는, 짧은 「발목
군화」를 신는다.

원포인트 잡학상식

제2차 세계대전에서, 독일군은 산악지대에서 싸우는 병사용으로, 소련군에서는 물자부족으로 인하여, 각각 게트르를
사용하였다.

저격병이 착용하는 「길리 슈트」는 어떤 것인가?

저격병은 원거리에서 적을 저격하는 병사이다. 저격 대세에 들어간 저격병은 신경을 목표에 집중하기 때문에, 반격을 당하더라도 즉시 대처를 할 수 없다. 그래서 적에게 발각되지 않게 해주는 특별 제작 야전복을 입는다.

● 그 모습은 말 그대로 "녹색 무크(주1)"

저격병은 반드시 일격에 상대를 쓰러트리기 위하여, 모든 신경을 표적에 집중한다. 그 때문에 주위를 경계하기가 어렵다. 또한 명중률을 올리려고 엎드려 쏴 자세를 취하기 때문에, 적에게 반격을 당하더라도 그 즉시 움직일 수가 없다.

이러한 단점을 없애려면, 너무나 당연한 것이지만 "적에게 발각되지 않는 것"이 가장 좋은 방법이다. 그 때문에 저격병은 위장(카무플라주)에 상당히 공을 들인다. 이러한 상황에서 사용되는 것이, 저격병전용의 위장복이라 할 수 있는 「길리 슈트」이다.

길리 슈트는 "옷이나 헬멧 위에 나뭇잎이나 나뭇가지 등을 붙이는" 것과 같은 위장 기술을 극한으로 추구한 것으로, 착용하면 착용자의 실루엣을 거의 알 수 없게 만든다. 이것은 수풀에 숨어있는 것이 「인간 같은 것」인지 「뭐가 뭔지 모르는 것」인지에서 반응 속도가 다른 점을 노리기 때문이다. 예전에는 위장용 네트나 낙하산의 천, 현지에서 채취한 나뭇가지나 풀을 사용하여 자기가 직접 만들었으나, 지금은 「길리 슈트」로서 처음부터 만들어져 있다.

길리 슈트를 착용할 때는 밖으로 나온 얼굴이 상대적으로 눈에 띄기 때문에, 정성을 들여 위장 크림을 잔뜩 발라서 위장을 한다. 동시에 라이플에 천을 감아서 실루엣을 없애는 등의 처치 역시 빼먹지 말고 해야 한다.

길리 슈트는, 어디까지나 삼림이나 초원과 같은 식물이 많은 곳에서의 위장효과를 노린 것이다. 사막이나 도시와 같은 전장에서는 길리 슈트를 착용하는 것이 오히려 눈에 띄어서 역효과가 날수 있기 때문에 주의가 필요하다. 또한 길리 슈트는 구조상, 열이 내부에 쌓이기 쉬운 것 역시 문제이다. 특히 야간에는 주위와의 온도차이가 크기 때문에, 적외선 탐지식의 암시장비에 걸리기 쉽다.

---

*주1 : 후지TV의 어린이 방송 열려라! 퐁킷키 (ひらけ!ポンキッキ) 에 나오는 캐릭터. 원래는 빨간색이다.

수풀에 숨어있는 수수께끼의 형태

길리 슈트는 인간의 실루엣을 다른 것으로 바꾼다.

이런 실루엣이······.

슈트를 입으면·······

이렇게 된다.

인간의 윤곽과는 완전하게 다른 것

「저것은 인간」이라고 인식하기 위한 윤곽을 없앴기 때문에, 눈에 들어와도 순간적으로 「적이다!」라고 반응 할 수 없다.

원포인트 잡학상식

길리 슈트라는 이름은 스코틀랜드의 숲의 요정인 「길리 두(Ghillie Dhu)」가 유래이다. 전래되는 이야기로는 숲이나 수풀에 서식하는 나뭇잎이나 녹색 이끼를 옷에 붙인 젊은이로, 지금도 수렵이나 낚시의 가이드를 길리라고 부른다.

항공기 파일럿은 어떤 장비를 착용하고 있는가?

현대의 항공기—특히 제트전투기의 파일럿들은, 오버올 형태의 파일럿 슈트를 착용하고 비행한다. 이 슈트는 파일럿을 급격한 가속에서 보호하도록 설계되어 있어, 현대전의 표준장비가 되었다.

● 대G슈트와 파일럿의 장비

대G슈트란, 전투기가 급선회나 급상승과 같은 격렬한 기동을 할 때 발생하는 가중력(G)으로부터 파일럿을 지키기 위한 장비이다. 공중전에서는 선회나 상승을 할 때 마다 파일럿에게 강력한 힘이 걸리기 때문에, 이것을 견디면서, 시야와 사고능력을 제대로 유지할 수 있는가가 공중전에서의 승패를 가른다.

특히 가속을 할 때 발생하는 힘이 일시적으로 피의 흐름을 막아서, 혈액이 감소되어 파일럿에게 시각장애가 발생하는 「블랙아웃 현상」은 심각한 것이다. 대G슈트에는 발생한 중력에 대응하여 하반신을 조여주는 것으로, 머리로 가는 혈액의 흐름이 저하되는 것을 막아주는 기능이 들어가 있다. 통상 2.5G의 힘이 걸리는 시점에서 작동하여, 공기로 팽창을 한다.

또한 대G슈트에는 파일럿을 여압하는 기능도 있다. 여압이란 슈트 안에 공기를 집어넣어 압력을 걸어서, 고고도(지상7000~10000m높이)에서의 급격한 감압에서 파일럿을 보호하는 기능을 가리킨다.

고고도의 진공에 가까운 상태에서는 인간의 체액이 끓어오르고, 체내의 가스는 낮은 압력에 의해 팽창되고 만다. 고고도 비행에서는 기압의 저하에 따라 호흡기관이나 소화기관, 코, 중이 등에 장애가 발생하기 때문에, 여압을 하여 기압을 일정하게 유지하지 않으면 활동이 불가능하게 된다.

헬리콥터나 전투기, 수송기 등의 파일럿은 「비행헬멧」이라는 특수한 헬멧을 쓰고 있다. 이 헬멧은 눈이나 머리를 보호하고, 무선장치로 아군과의 긴밀한 의사소통과, 고공비행을 할 때 산소를 공급하는 등의 역할을 한다. 또한 제2차 세계대전 때의 파일럿은 헬멧이 아닌 비행모를 쓰고 있었으나, 이는 주로 방한이 목적으로, 고글은 있었으나 산소마스크는 달려있지 않았다. 아군기와의 연계는 한정적이어서, 대부분은 바람막이를 열고 큰 소리로 외치거나, 수신호를 사용하여 의사소통을 하였다.

파일럿의 고공장비

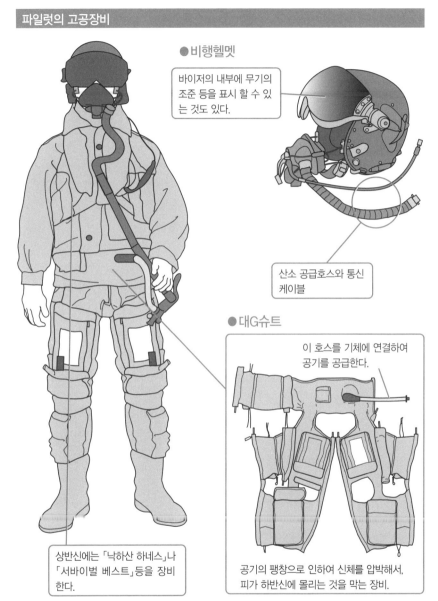

● 비행헬멧

바이저의 내부에 무기의 조준 등을 표시 할 수 있는 것도 있다.

산소 공급호스와 통신 케이블

● 대G슈트

이 호스를 기체에 연결하여 공기를 공급한다.

상반신에는 「낙하산 하네스」나 「서바이벌 베스트」등을 장비한다.

공기의 팽창으로 인하여 신체를 압박해서, 피가 하반신에 몰리는 것을 막는 장비.

※더욱 높은 고도에서 전투가 가능하도록 「대G베스트」를 착용하는 경우도 있다.

원포인트 잡학상식

극초기의 대G슈트는 몸을 압박하는데 물을 사용하는 「수압식」이었다. 실용화에 성공한 것은 제2차 세계대전 말기의 미국으로, 한국전쟁에서 실전에 투입되었다.

낙하산 강하에는 어떤 장비가 필요한가?

낙하산—패러슈트를 사용하여 항공기에서 목표지점으로 착지하는 전술을 「공중강하」라고 한다. 적의 세력권 안에 있는 장소로 낙하하는 경우가 많기 때문에, 숙련된 공수부대와 항공부대가 협력하여 수행을 한다.

●「낙하산」과 이를 지지하는 「하네스」

공중강하용 장비에는 특수한 것이 많아서, 이를 취급하려면 전문적인 지식과 훈련이 필요하다. 낙하산을 펴는 것을 「개산開傘」이라고도 하는데, 이것은 대강 고도 760m부근에서 펴지며, 개산용 핸들을 잡아 당기는 것으로 낙하산이 펼쳐진다.

펴진 낙하산은 멀리서도 눈에 잘 띄기 때문에, 지상에서 저격 당할 위험이 있다. 그 때문에 상황에 따라서는, 낙하산을 피는 타이밍을 앞당기거나 늦춘다(적에게 발견되지 않으려는 「저고도개산」이라는 방법의 경우, 고도 약300m정도에서 낙하산을 편다). 물자투하용 무인 낙하산의 경우, 고도계와 연동된 자동개산장치로 인하여 자동적으로 낙하산이 펴지게 되어 있지만, 이 장치는 사람이 사용하는 낙하산에도 장착이 가능하다.

천의 형태는 사각인 「스퀘어형」과, 원형인 「라운드형」이 대표적이다. 스퀘어형은 라운드형에 비하여 조작성이 좋고, 취급이 간단하며, 활공성능이 뛰어나다. 반면, 낙하산 사이에 공기가 흘러서 움직이기 때문에, 구멍이 뚫리게 되면 사고가 날 위험성이 높다.

라운드형은 안정성은 높지만, 스퀘어형과 비교하여 취급이 어렵고, 착지시의 충격도 크다. 그러나 싸게 만들 수 있기 때문에 위험성이 낮은 지역으로의 강하와 같은, 그렇게 강하 정밀도가 필요하지 않는 경우에 사용된다.

낙하산과 병사는 커넥터를 중간에 두고 「하네스」라는 벨트로 연결되어 있다. 이것은 통상, 가슴, 배, 다리의 관절부분에 벨트로 고정되어 있어, 착지하고 나서는 재빠르게 뗄 수 있게 되어있다.

고고도에서 낙하하는 패러슈트에는 상당한 힘이 작용하여, 이것이 신체의 한 곳에 집중되면 뼈가 부러지거나 타박상을 입게 된다. 낙하산이 펴질 때의 충격도 꽤 강하기 때문에 "병사의 신체 전체에 균일하게 힘을 가하도록"제작되어 있어서, 강하할 때도 부담이 한 곳에 집중되지 않도록 조절되어 있다.

낙하산의 타입과 강하장비

● 스퀘어형

마음먹은 장소에 착륙할 수 있으나, 낙하산의 천이 데미지에 약하다.

● 라운드형

안전성이 높고 가격이 싸지만, 바람에 쓸려가기가 쉽다.

● 강하할 때 신체를 받쳐주는 패러슈트 하네스

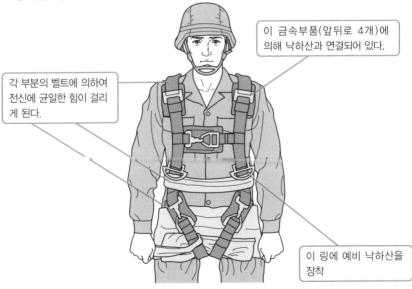

이 금속부품(앞뒤로 4개)에 의해 낙하산과 연결되어 있다.

각 부분의 벨트에 의하여 전신에 균일한 힘이 걸리게 된다.

이 링에 예비 낙하산을 장착

원포인트 잡학상식

낙하산의 천은 위장용으로, 끈은 패러코드라 하여 물건을 묶는데 사용된다.

여성병사용 군복이 만들어 질 때까지

선진 각국의 군대에서는 흔히 볼 수 있는 여성 병사이지만, 여성 병사가 이단적인 존재였던 시대에는 여러 가지로 고생을 하였다. 영국에서는 「여성은 남성에게 보호를 받아야 하고, 정숙해야 한다」와 같은 사상이 지배적이었고, 미국에서도 언론과 종교 관계자가 앞장서서 「군대에 들어가려는 여자는 동성애자일 확률이 높다. 그렇지 않다면 고객을 늘리려는 창녀일 것이다」라고 비난하였다.

제2차 세계대전이 시작되고, 몇 개의 부인부대가 창설되고 나서도 이러한 편견과 헛소문은 사그라들지 않았다. 군 상층부는 "이대로 괜찮은가!?"라고 염려 하였지만, 그녀들은 주어진 임무를 우수하게 수행하여, 부대의 규모도 커졌다. 처음에 미군에서는 여성을 「어려운 것은 아무것도 모르는 능력이 떨어지는 사람」으로 보는 풍조가 있어서, 모집 대상도 「교육받은 중산계층」으로 매우 높게 잡았다. 여기에 미국 시민권을 가지고, 선량한 인물임을 보증하는 2명의 「인격보증인」이 필요하고, 14세 미만의 아이가 있는 경우에는 아이들을 돌볼 인물이 반드시 있어야만 했다.

그러나 이러한 환경이 오히려 긍정적으로 작용한 것인지(초기 입대자의 9할이 대졸이었다), 각 개인의 능력이 매우 높았다. 같은 수준의 소양을 남성신병에게 요구하려면, 부사관 훈련을 받은 자가 아니면 안될 것이라 할 정도였다.

이 정도가 되어서야 겨우, 여성용 군복이 제정되었다. 초기의 여성병사의 입장은 군에 고용된 민간인, 잘해야 군무원이었기 때문에, 군복을 준비할 필요가 없었던 것이다. 또한 군인이 군복을 착용하는 것은 의무임과 동시에 「특권」이었기 때문에, 정규 군인취급을 받지 못하였던 여성병사들에게는 군복을 입을 권리도 주어지지 않았던 것이다.

군복의 제정도 그리 쉽지는 않았다. 결국 남성용 제복을 그대로 베끼거나, 여성복 특유의 문제(특히 바스트나 힙 부분의 사이즈 차이)를 무시한 군복들만 있었다. 민간 디자이너들은 이러한 요점을 숙지하고 있었으나, 군은 생산성이나 옷감의 절약과 같은 점을 더 중요하게 생각하였다. 그렇다 하더라도 핸드백과 같은 "여성에게 반드시 필요한" 물품에 있어서는 빠른 시기부터 장비에 포함되어 있었다. 옷감으로는 경량 울이 많이 사용되었다고 한다.

전투용 장비는 그나마 나아서, 야전복 등은 전용 필드재킷이 개발되었다. 남성용을 본뜬 디자인 이었으나, 단추를 채우는 방향을 반대로 만들고 「가슴의 라인」도 여성복의 기준으로 수정되었다. 허리 부분의 주머니는 제복에 달린 주머니 보다 용량이 컸지만, 가슴 부분의 주머니는 체형이 다른 이유로 덮개만 있는 장식이었다. 바지(트라우저스)는 스키 웨어와 같이 여유가 있고 발목을 향하여 좁아지는 디자인이었지만, 다리사이가 아닌 오른쪽 면에 있는 단추를 채워서 입는 방식이었다. 군대에 따라서는 지금도 "남성병사를 기준으로" 군복을 착용하는 곳도 있지만, 여성병사의 대우는 서서히 개선이 되어, 피복에서도 어느 정도 이상 배려하게 되었다고 할 수 있겠다.

제 3 장
개인장비

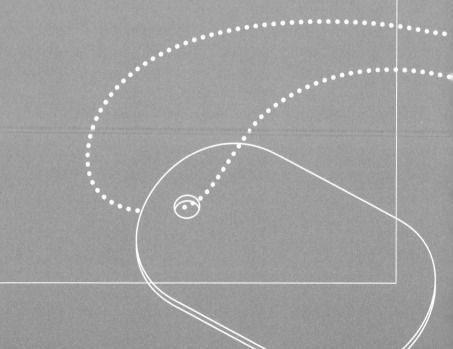

개인장비는 어떻게 발전되어 왔는가?

상비군이 창설되어 병사들의 행동이 통일됨에 따라, 병사들이 사용하는 장비 역시 규격화가 진행되었다. 철도나 자동차, 항공기의 보급으로 인하여 군대의 행동범위가 급속하게 확대되고 고속화 된 것 역시, 장비의 발달에 영향을 주었다.

● 종류의 증가와 운반방법의 변화

군대가 "무법자 집단"이었던 시대에 병사들이 착용하는 장비는 제각각이었다. 무기를 사용한 적이 있는 자들은 각각이 자신에게 가장 잘 맞는다고 생각하는 무기나 장비를 선택하여, 다소 문제가 있더라도 개개인의 숙련도나 기량으로 그 문제를 커버하였다.

그러나 군대가 조직으로 성숙하게 되자, 장비에도 변화가 일어났다.

맨 처음 일어난 변화로는 장비의 종류가 늘어났다는 점을 들 수 있다. "적을 쓰러트리는 것"이 궁극적인 목적이기 때문에 무기만 있으면 나머지는 필요가 없기는 하지만, 전장에 도착할 때까지 잠도 자야 하고 휴식도 취해야만 하며, 이슬을 맞으며 지낼 수는 없다. 당연하게 모포와 같은 침구나, 여벌의 옷가지, 여기에 물이나 식량도 필요하게 된다.

그리고 참호를 파는데 쓰는 삽이나 독가스 공격에 대비한 **가스마스크**, 부상을 입었을 때 사용하는 **메디컬 키트**, 방한용 **장갑**이나 몸의 체온을 유지하는데 필요한 우비 등, 시간이 흘러갈수록 병사들의 장비는 점점 늘어갔다.

그 다음으로 일어난 변화는, 계속 늘어만 가는 장비를 "어떻게 해야 효율적으로 운반할 수 있겠는가"라는 연구가 시작된 것이다. 장비를 벨트 주변에 집약시킨 **벨트 키트**가 등장하고, 각종 **전투 베스트**나 MOLLE와 같은 조직적인 것으로 진화하게 되었다. 그리고 **군화의** 고성능화와 배낭(sack)의 개량과 같은 눈에 잘 띄지 않는 부분에서도, 짐을 나를 때의 피로를 줄여주는 효과가 있기 때문에 가볍게 볼 수 있는 것은 아니다.

이러한 변화에 따라서, 장비의 소재에도 여러 가지 시행착오가 거듭되었다. 면이나 가죽, 철로 만들어진 장비는, 결국 나일론과 같은 화학섬유가 대신하였고, 이후에는 「케블라」, 「아라미드」, 「고어텍스」와 같은 최첨단소재가 아낌없이 사용되었다. 장비의 종류나 장착방법은 제2차 세계대전 이후 커다란 변화는 없었지만, 소재 분야에 관해서는 지금도 연구, 개발이 계속 이루어지고 있다.

개인장비의 역사

병사의 장비는

> 예전에는 「모두 다른 장비를 사용하였지」만, 군대조직이 숙성됨에 따라 「규격을 통일」시켰다.

장비가 통일되면서·······

종류의 증가

- 삽
- 방독면
- 매디컬 키트
- 방한구
- 우비 등······

전장의 확대와 대규모화로 인하여 필요한 장비의 숫자가 눈에 띄게 늘어났다.

장착방법의 변화

벨트 키트

IIFS(종합형 개인전투 시스템)

MOLLE(모듈러형 경량휴대장비)

어떤 방법이 효율적인지, 여러 가지 패턴이 시험되었다.

소재의 발달

- 가죽이나 면과 같은 천연소재에서···

- 나일론과 같은 화학섬유
- 난연섬유(불에 잘 타지 않는 섬유)나 적외선대책 처리가 된 각종 최첨단소재

같은 종류의 장비라도 소재에 따라 기능이 전혀 다르다.

장비의 개량, 진화는 지금도 계속된다.

원포인트 잡학상식

현재에는, 인터넷 통신과 같은 디지털기술을 적극적으로 투입한 보병장비의 개발이 진행되고 있다.

군용장비는 어떻게 신체에 장착하는가?

권총의 홀스터나 수통, 매디컬 키트, 예비탄창 파우치와 같은 장비들은, 전투 중에 바로 꺼낼 수 있도록 신체 여기저기에 장착되었다. 이러한 아이템은 어떻게 고정되어 있는 것일까?

● 훅이나 클립 등을 사용하는 것이 일반적

전투용 장비를 장착하는 방법은, 예전에 일반적으로 서스펜더나 피스톨 벨트를 조합한 벨트 키트를 사용하였다.

장비를 장착할 때에는, 장비 쪽에 달려있는 루프(고리)에 벨트를 통과시키는 「벨트 루프」란 방법과, 벨트에 만들어진 둥그런 구멍에 금속제 훅을 사용하여 거는 방법이 있다. 특히 둥그런 구멍과 금속 훅을 사용하는 방법은 「아일렛 훅」이라 하여, 장비를 제대로 고정할 수 있었다.

벨트 루프 방법은 장착이 용이한 것이 장점이었으나, 벨트 위에서 이리 저리 움직이는 것이 단점이었다. 아일렛 훅은 장비를 완벽하게 고정시켰지만, 미세하게 조절을 할 수는 없었다. 그래서 고안된 것이다 「ALICE 클립」이다.

ALICE 클립이란 슬라이드식의 금속 클립을 사용하여 장비를 장착하는 방식으로, 벨트 위 어떤 곳이던 자신이 원하는 위치에 장비를 확실하게 고정 할 수 있었다. 금속 클립은 녹이 슬거나 휘거나 하여 딱딱해서 잘 움직이지 않기도 하였으나, 튼튼하게 만들어 졌기 때문에 있는 힘껏 움직여도 괜찮았다. 1970년대에는 수지로 만든 클립도 제작이 되어, 스트레스를 받지 않고 사용할 수 있게 되었다.

냉전이 끝난 1990년대에는, 장비를 고정하는 방식으로 「인터록킹 어태치먼트」라는 시스템이 등장하였다. 이것은 베스트나 벨트의 표면에 직접 장비를 붙이는 방식으로 전용의 고정 플레이트나 「맬리스 클립」이라는 수지로 만든 클립을 사용하는 것이 특징이다.

이것을 적극적으로 도입한 것이 미군의 「MOLLE」라 하는 장비시스템으로, 벨트나 서스펜더와 같은 "선" 위에 장비를 장착하는 것이 아니라, 베스트 등의 "면" 위에 예비탄창 파우치 등을 배치할 수 있다.

이로서 장비를 장착할 수 있는 범위를 비약적으로 늘릴 수 있게 되어, 장착위치나 각도 등의 자유도 역시 비약적으로 향상되었다.

장비의 고정방법

● 시대에 맞춰 진화하는 장비 고정방법

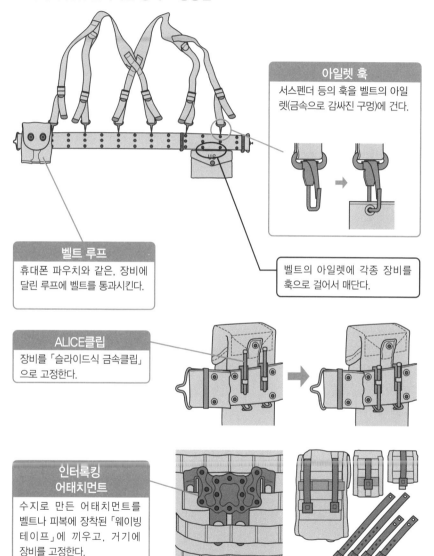

아일렛 훅
서스펜더 등의 훅을 벨트의 아일렛(금속으로 감싸진 구멍)에 건다.

벨트 루프
휴대폰 파우치와 같은, 장비에 달린 루프에 벨트를 통과시킨다.

벨트의 아일렛에 각종 장비를 훅으로 걸어서 매단다.

ALICE클립
장비를 「슬라이드식 금속클립」으로 고정한다.

인터록킹 어태치먼트
수지로 만든 어태치먼트를 벨트나 피복에 장착된 「웨이빙 테이프」에 끼우고, 거기에 장비를 고정한다.

고정용 플레이트

맬리스 클립

원포인트 잡학상식

미군은 「정면장비」뿐만 아니라, 보병관련 장비 개발에도 심혈을 기울인다. 독일이나 일본과 같이 미국에서 나온 아이디어를 매우 열심히 받아들이는 나라도 있는 반면에, 영국과 같이 꿋꿋하게 독자노선을 걷는 국가도 있다.

「MOLLE」란 어떤 장비인가?

MOLLE란 「웨이빙 테이프」를 이용한 장비시스템의 명칭이다. 웨이빙이란 야전복이나 보디 아머의 표면에 붙여진 띠 형태의 고정 장구로서, 전용 어태치먼트를 이용하여, 이 띠에 각종 장구를 장착한다.

● 레이아웃도 자유자재로 변경가능

장비의 장착위치라는 것은 의외로 대충 넘길 수 없는 문제이다. 생사를 가르는 순간에 "장비를 재빠르게 장착하거나 교환 할 수 있는" 것은 그 자체만으로도 의미가 있는 것이고, 정신적인 면에서도 무시할 수 없는 효과가 있다. 그리고 병사를 정신적인 측면에서 안정시킨다는 것은, 더욱 재빠르고, 정확한 상황판단이나 행동을 할 수 있게 만드는 선순환을 만들어 낸다.

전투에 필요한 장비를 재빨리 장착할 수 있는 **「벨트 키트」**는 장비의 위치를 어느 정도는 변경시킬 수는 있지만, 벨트의 위치나 구멍의 위치에 따라 제한된다. **「전투 베스트」**는 사용하기 쉽고 꺼내기 쉬운 위치에 만들어질 때부터 각종 장비가 배치되어 있지만, 그렇다 하더라도 최대공약수 적인 배치에 지나지 않기 때문에, 모든 병사들이 자신이 원하는 "최고의 위치"에 배치하는 것은 불가능하였다.

웨이빙 테이프를 이용한 장비는, 장착하는 아이템의 위치나 각도를 사용자의 입맛대로 고정할 수 있다. 단순히 "오른손잡이 아니면 왼손잡이"인 것으로도 장착장소는 바뀌게 되고, 임무의 성격에 따라서도 장비의 위치는 바뀌게 된다. 불필요한 장비를 떼어놓거나, 체격이나 자신의 습관에 따라서 위치를 조절하는 것도 가능하기 때문에, 작전을 수행할 때 받는 피로를 최대한 줄일 수 있게 되었다.

이러한 사고방식의 장점은 병사들의 스트레스를 줄여주는 것뿐만이 아니다. 그 중에서도 큰 것은 장비 조달에 드는 비용도 절감할 수 있다는 점이다.

장비를 지급하는 쪽에서 본다면, 임무에 따라 다른 타입의 장비를 각각 개발, 지급하는 것에 비하여, 웨이빙 테이프를 재봉해서 붙인 야전복이나 **보디 아머**를 지급하면, 이후에는 작전에 맞춰서 파우치 등을 병사들이 자신의 취향에 맞게 배치한다.

즉 지급하는 쪽도 노력과 돈을 절약할 수 있고, 사용하는 쪽도 최고에 가까운 컨디션으로 장비를 사용할 수 있는, 매우 잘 만들어진 시스템이라 할 수있겠다.

자신이 좋아하는 위치에 좋아하는 장비를 장착

MOLLE란······
Moduler Lightweight Load-carrying Equipment=의 약자.
1000년대 말에 제식회된 미군의 전투징구.

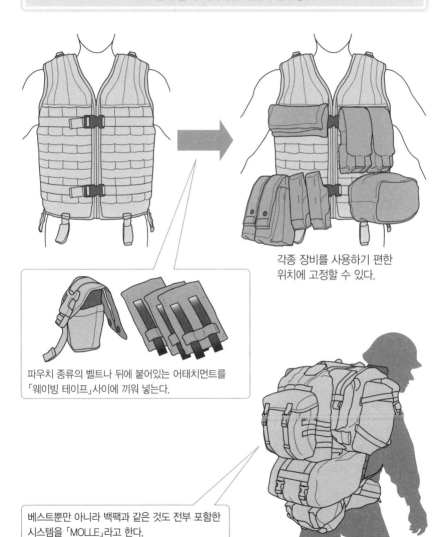

각종 장비를 사용하기 편한
위치에 고정할 수 있다.

파우치 종류의 벨트나 뒤에 붙어있는 어태치먼트를
「웨이빙 테이프」사이에 끼워 넣는다.

베스트뿐만 아니라 백팩과 같은 것도 전부 포함한
시스템을 「MOLLE」라고 한다.

현재에는, 구조가 더욱 간략해 지고 잘 부숴지지 않으며, 비용절감도 실현한 「MOLLE II」가 등장하였다.

헬멧은 총탄에 맞아도 괜찮은가?

머리를 보호하는 투구—헬멧은, 판금으로 만든 흉갑이나 방패와 마찬가지로 오래 전부터 존재했던 방어구 이지만, 총기의 발달과 함께 직업군인의 장비 목록에서 사라졌다. 중세기사들이 사용하였던 판금장갑으로는, 위력이 증가된 라이플탄을 막을 수 없게 되었기 때문이다.

● 방어능력은 그렇게 기대하지 않는다

헬멧은 인간의 중요장기인 "머리"를 보호하는 장비이다. 공사현장에서 쓰는 「안전모」도 낙하물로부터 머리를 보호하기 위한 것이고, 오토바이 운전자도 넘어졌을 때 머리를 보호하기 위하여 헬멧을 쓴다.

예전에 전장으로 가는 군인들은 전신을 판금 갑옷으로 감싸고 있었으나, 총기의 위력이 강력해졌기 때문에 "장갑으로 방어"를 할 수 없게 되었다.

그러나 제1차 세계대전이 시작되고, 비처럼 퍼붓는 대포 탄이 내부 화약으로 인하여 작열하는 「유탄」이 되자, 포탄이 터지면서 생기는 파편으로부터 머리를 지키고자 헬멧의 효과를 다시 생각하게 되었다(참호전에서 서로 수류탄을 투척할 때도, 머리 위에서 폭발하는 수류탄 파편을 막는 역할도 한다).

헬멧의 소재에는 주로 강철이 사용되었으나, 어디까지나 파편을 막는 것을 중시하였기 때문에 "총탄을 튕겨낼 정도의 방어력"이 있다고는 할 수 없었다. 두께를 늘리면 어느 정도의 방탄능력을 얻을 수는 있었지만, 머리 위에 올리기(목으로 중량을 고정하는) 때문에, 두께를 늘리는 것도 한계가 있었다.

물론 총탄의 종류나 거리나 각도 등, 상황에 따라 "관통력"이란 것은 변하기 마련이다. 「헬멧의 방어력을 조사하자」라고 정하고 실탄을 헬멧에 향하여 쏘는 실험에서는 매우 간단하게 탄이 관통되는 것도 어렵지 않게 볼 수 있는 반면에, 「헬멧을 쓴 덕분에 총탄이 두개골에 박히지 않아서 다행이었다」라는 병사의 보고도 적지 않았다.

지금은 「PASGT」이라는 가볍고 방탄효과가 뛰어난 헬멧이 개발되었다. 방탄조끼에도 사용되는 케블라와 같은 화학섬유를 몇 장씩 겹쳐서, 수지를 스며들게 하여 헬멧의 형태를 만든 것이다.

그 형태는 제2차 세계대전중의 독일군이 쓰고 있던 헬멧과 비슷하여서, 같은 디자인이란 이유로 「프릿츠(독일인 이라는 뜻)」헬멧이라고 부르기도 한다.

헬멧의 역할

헬멧을 쓰는 이유는 주로 「파편을 막기」위함이다.
포탄 등의 파편으로부터 머리를 보호하기 위하여 착용한다.

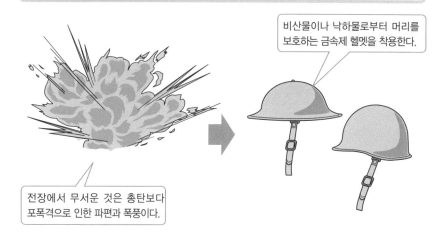

비산물이나 낙하물로부터 머리를 보호하는 금속제 헬멧을 착용한다.

전장에서 무서운 것은 총탄보다 포폭격으로 인한 파편과 폭풍이다.

●PASGT헬멧

헬멧 커버를 씌우면 위장효과도 증기!

미군이 현재 사용하는 헬멧은 방탄소재인 「케블라」를 수지로 굳혀서, 파편 방어와 방탄성 향상이라는 2가지를 추구하고 있다.

원포인트 잡학상식
전장에서 헬멧의 턱끈을 채우지 않는 부대가 있는데, 이는 폭풍 시 목을 다치지 않게 하기 위함이다.

자위대에서는 플라스틱으로 만든 헬멧을 사용한다?

지진이나 호우에 의한 산사태와 같은 재해를 복구하는데 파견되는 자위대원들은, 모두 헬멧을 쓰고 작업을 한다. 적의 총탄이나 포탄의 파편이 날아올 일이 없는 상황인데, 무거운 헬멧은 작업의 방해가 되는 것은 아닐까?

● 재해 복구 파견에서 사용하는 헬멧은 가볍다

재해 복구에 파견되는 자위대원이 쓰고 있는 것은, 금속제가 아닌 수지로 만들어진 가벼운 헬멧이다. 토목공사나 고소작업에 종사하는 사람들이 쓰는 노란색이나 흰색 헬멧―이른바 "안전모"와 같은 것이다.

물론 안전모와 같은 약한 헬멧은, 전장에서는 도움이 되지 않는다. 그래서 금속으로 만든 튼튼한 헬멧이 등장한 것이지만, 자위대에서는 2종류의 다른 헬멧을 사용하는 것이 아닌, 같은 헬멧의 안쪽(수지제)과 바깥쪽(금속제)을 상황에 따라 나눠가며 사용한다.

이 같은 2단식 헬멧은 「66식 철모」라는 이름으로 제식화 되어, 1980년대 말까지 사용되었다. 베이스가 된 것은 미국의 「M1 헬멧」으로, 금속으로 된 외모(쉘)와 수지로 된 중모(라이너)의 이중구조로 되어 있는 것이 특징이다. 평상시의 작업이나 차량운전을 할 때는 라이너만을 착용하고, 전투시에는 라이너 위에 쉘을 겹쳐서 쓴다. 자위대에서도 이 같이 운용되기 때문에, 재해 복구에 파견되거나 교통정리를 하는 자위대원이 쓰고 있는 것은 「중모」라 불리는 라이너 부분이다.

66식 철모는 일선에서 물러나서, 지금은 신형인 「88식 철모」가 등장하였다. 88식은 방탄능력이 뛰어난 케블라로 일체성형이 되어있기 때문에, 2중 구조 방식은 아니다. 중량은 2중 구조 상태의 66식 철모보다 가볍지만, 라이너 하나 보다는 무겁다. 그래서 라이너를 대신하는 작업용 헬멧인 「중모 II형」이라는 수지제 헬멧을 채용하였다.

중모 II형은 66식 라이너에 비하여, 턱끈을 쉽게 조일 수 있으며 내부 밴드의 사이즈 조절이 가능하게 되어 있는 등의 개량이 되었지만, 바깥쪽 사이즈는 66식의 라이너와 같았기 때문에, 필요한 경우에는 중모 II형에 66식 철모의 쉘을 위에 쓰는 것도 가능하다.

플라스틱제 헬멧

> ## 플라스틱(수지제) 헬멧은
> ## 금속제 헬멧의 「라이너」

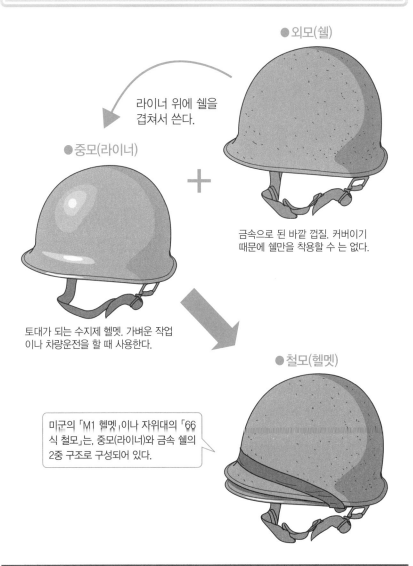

●외모(쉘)

라이너 위에 쉘을
겹쳐서 쓴다.

●중모(라이너)

＋

금속으로 된 바깥 껍질. 커버이기
때문에 쉘만을 착용할 수 는 없다.

토대가 되는 수지제 헬멧. 가벼운 작업
이나 차량운전을 할 때 사용한다.

●철모(헬멧)

미군의 「M1 헬멧」이나 자위대의 「66
식 철모」는, 중모(라이너)와 금속 쉘의
2중 구조로 구성되어 있다.

원포인트 잡학상식

재해 복구 파견이라 하더라도, 화산이 분화 할 때 화산탄이 낙하할 위험이 있는 지역에 진입할 때와 같이, 위협이 큰 경우에는
철모를 착용하는 경우가 있다.

암시장비의 영상은 컬러가 아니다?

군용으로 만들어진 암시장비이지만, 요즘은 야생 생물의 생태 관찰에서도 암시장비의 영상을 보는 경우가 많다. 암시장비를 통한 영상은 흑백이거나, 짙고 옅은 녹색으로 표시되어 있지만, 컬러로 보는 것은 불가능 한 것일까?

● 적외선에는 색이 없다

암시장비의 영상이 흑백이거나 녹색인 이유는 장비가 구식이라서가 아니고, 어두운 장소에서도 사물을 보기 위한 구조에 의한 것이다.

나이트 비전이라고도 불리는 이러한 방법의 장비는, 적외선을 쏴서 목표를 파악하는「적외선조사방식」과, 육안으로는 파악하기 힘든 매우 소량의 빛을 증폭시켜 목표를 찾아내는「미광증폭방식」으로 크게 나눌 수 있다.

적외선은 가시광선이 아니기 때문에 원래 색이 없고, 빛의 강약에 의하여 영상으로 형태를 표현하는 것이기 때문에, 흑백으로 밖에 보이지 않는다. 그리고 미광증폭식 암시장비는 소량의 빛을 착용자가 알아보기 쉽게 만들기 위하여, 가장 알아보기 쉬운 색이라 하는「녹색(가시광선 파장의 중간색)」으로 조절되어 있다. 나이트 비전의 주 용도는 야간의 차량운전이나 정찰행동이기 때문에, 색의 인식보다는 "지형이나 형태의 인식"이 우선사항인 것 역시, 단색이라도 신경을 쓰지 않는 이유 중 하나이다.

암시장비 중에서도 적외선조사 타입이 가장 오래 되어, 제2차 세계대전 시대부터 존재하였다. 당시에는 조사장치, 수광기, 배터리 등이 무겁고 부피가 컸으나, 소형화가 진행되어 병사들의 부담도 경감되었다.

베트남전쟁 때에는 미광증폭방식의 암시장비가 등장하였다. 이 타입의 암시장비는 달빛 정도의 빛이 있으면 목표를 볼 수 있었기 때문에「스타라이트 스코프」라고 부르기도 하였다.

현대에는 이러한 장비를 더욱 발전시킨「적외선영상장비(서멀 비전)」가 암시장비로서 사용되고 있다. 이것은 물체가 방출하는 극소량의 원적외선을 감지, 증폭시켜 형태를 식별하는 방식으로, 적외선조사식과 같이 광원(조사장비)을 필요로 하지 않는다. 미광증폭방식은 전혀 빛이 존재하지 않는 어두운 밤에는 사용 할 수 없지만, 자연방사되는 적외선을 파악하는 서멀 비전은 미광증폭방식과 같은 약점이 없다.

암시장비의 타입

> ### 암시장비 영상이 단색인 것은······
> 적외선이나 빛의 강약에 따라 영상을 표현하기 때문이다.

●빛의 파장 띠

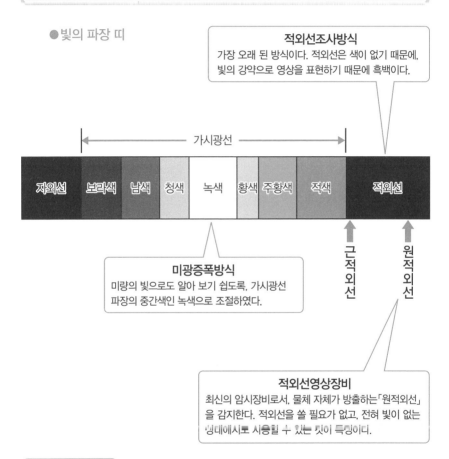

적외선조사방식
가장 오래 된 방식이다. 적외선은 색이 없기 때문에, 빛의 강약으로 영상을 표현하기 때문에 흑백이다.

가시광선

| 자외선 | 보라색 | 남색 | 청색 | 녹색 | 황색 | 주황색 | 적색 | 적외선 |

근적외선

원적외선

미광증폭방식
미량의 빛으로도 알아 보기 쉽도록, 가시광선 파장의 중간색인 녹색으로 조절하였다.

적외선영상장비
최신의 암시장비로서, 물체 자체가 방출하는 「원적외선」을 감지한다. 적외선을 쏠 필요가 없고, 전혀 빛이 없는 상태에서도 사용할 수 있는 것이 특징이다.

근적외선　　적외선 중에서도 파장이 짧고, 가시광에 가까운 성질을 가진다.

원적외선　　파장이 길고, 전파와 같은 성질을 함께 갖는다.

원포인트 잡학상식
서멀 비전은 열량의 변화까지 감지할 수 있기 때문에, 발자국과 같은 흔적에 남아있는 적외선의 양을 토대로 「언제 이곳을 지나갔나?」등을 추측할 수 있다.

근대전에서는 고글이 필수이다?

전투시 눈을 보호하는 것은 중요하다. 표적이 보이지 않게 되면 총을 쏘는 것도 불가능하고, 목표를 알 수 없으면 이동하는 것 조차 뜻대로 되지 않는다. 시력을 잃는다는 것은, 즉 전투능력을 상실한다는 것을 의미한다.

● 눈을 보호한다 = 아이 프로텍션의 중요성

전장에 있어서 눈에 데미지를 주는 것은 많다. 바람이나 흙먼지는 물론이고, 총을 쏠 때 생기는 화약가스, 동료의 총에서 튀어나오는 탄피, 탄이 튀는 것으로 인하여 사방으로 퍼지는 나무나 돌이나 콘크리트 파편, 포 폭격에 의한 폭풍이나 폭발물의 파편 등, 그 종류는 아주 다양하다.

최근에는 여기에 「조준에 사용되는 적색 레이저」가 눈에 들어오거나, 실내에서의 근접 전투에서 사용되는 적과 아군의 플래시 라이트를 똑바로 쳐다봐서 눈이 어두워지는 등의 새로운 위협이 추가되었다.

이러한 상황에서 눈을 보호하는 장비—아이 프로텍션 기어의 중요도는 매우 높아서, 현대전에서는 반드시 필요한 아이템이 되었다. 선글라스나 고글과 같은 품목 그 자체는 예전부터 존재하였으나, 지금은 전선에서 싸우는 보병이 각각 개인장비로서 가지고 있을 정도로 보급되어 있다.

전투용으로 장비된 이러한 선글라스나 고글은, 바람이나 먼지를 막아주는 것은 물론이고, 글라스 부분이 일반적인 것과는 다르게 내충격성 소재로 되어 있는 경우가 많다.

내충격성이라 하더라도 "총탄이 직격 하더라도 튕겨내는"정도의 방탄능력은 기대 할 수 없지만, 쓰레기나 파편과 같은 비산물 정도라면 문제가 없는 수준이다. 작은 파편이 눈에 들어간 것 만으로도 일시적이라고는 하지만 전투능력을 상실하는 것을 고려한다면, 파편을 막는 정도만으로도 충분한 방어성능이라고 생각해야 할 것이다.

고글 타입은 얼굴에 밀착하기 때문에, 바람이나 먼지를 거의 완벽하게 막아준다. 밀폐도가 높다는 것은, 외부 습기와의 차이로 인하여 고글 내부가 흐려지는 위험성도 있으나, 최근에는 「안티 포그 코팅」이라는 김서림 방지처리가 되어있는 것이 등장하였다.

아이 프로텍션 기어

시력이란 = 전투능력이다

이러한 요인에 의하여 눈에 데미지를 입게 되면
● 바람이나 흙먼지와 같은 쓰레기
● 사격 시 발생하는 화약가스
● 동료의 총에서 배출되는 탄피
● 착탄시의 폭풍 등으로 비산하는 여러 가지 파편

전투력이
대폭 하락된다!

현대전에서는 이것 말고도
● 조준에 사용되는 적색 레이저
● 적이나 아군의 플래시 라이트
　　　　　……등이 추가된다!

내 눈~
내 눈~~!!

이런 일을 당하지 않으려면……

아이 프로텍션 기어의 장착이 필수이다!

● 고글 타입

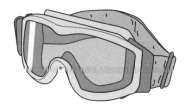

● 선글라스 타입

효능은……

● 파편이나 흙먼지 등에 대응하는 물리적인 방어
● 강한 빛이나 레이저 등의 광선에서 눈을 보호한다

원포인트 잡학상식

미군에서 채용되고 있는 「ESS Ice」와 같은 일부 제품에서는, 샷건의 산탄 정도의 수준이라면 깨지지 않는 정도의 강도를 가지고 있는 것도 존재한다.

병사들이 메는 배낭에는 어떤 것이 들어가 있는가?

행군중의 병사들은 륙색과 같은 것을 메고 있다. 「하버색(haverscak)」, 「럭색(rucksack)」, 「필드 백(field pack)」이라고도 불리는 이러한 배낭 안에는, 물이나 식량 이외에도, 침구나 갈아입을 양말과 같은 야영에 필요한 것들이 들어가 있다.

● 병사가 지고 있는 배낭의 내용물

19세기도 끝이 나고, 제1차 세계대전이 시작될 때에는 전쟁의 방법도 그 모습이 바뀌었다. 상비군의 창설부터 총포의 발달, 국내의 일반시민까지 전쟁에 참가하는 「국가총력전」이 펼쳐지는 것과 같은 환경의 변화에 맞춰, 병사들의 장비나 휴대방법 등도 각국에서 연구하게 되었다.

전투시 부피가 큰 짐을 메면, 움직임이 둔해져서 적의 표적이 될 위험성이 높아진다. 즉 전투를 할 때에는, 불필요한 식량이나 의류와 같은 예비물자를 버리는 것이 합리적인 것이 된다. 그래서 즉시 사용하지 않는 장비류는 전투시에 사용하는 장비와 동시에 몸에 지녀도 방해가 되지 않도록, 배낭에 넣어서 병사가 등에 짊어진다.

독일이나 영국에서는 연구를 거듭한 결과, 장비의 총 중량은 「병사 몸무게의 1/3이상이 되어서는 안 된다」라는 결론에 이르렀다. 지친 병사는 행동 능력(=전투력)이 눈에 띄게 떨어진다. 짊어질 수 있는 만큼의 짐을 짊어지게 하는 것이 아닌, 일단 기준이 있는 것이 좋지 않겠는가 라고 생각한 것이다.

지금은 배낭의 중량을 약 20kg정도로 하는 것이 기준으로 되어 있으나, 총이나 탄약을 더하게 되면 30kg 정도가 되는 것을 평균으로 여기고 있다. 단 분대지원화기(소구경의 기관총)나 대전차병기를 짊어진 병사는 이 정도의 무게가 아닌, 탄약을 포함하면 40kg이상이 되기도 한다.

이 정도의 중량을 짊어지고 행군하는 경우, 평균 시속 4km로 하루에 32km를 주파할 수 있다 (낮 8시간 행동으로 계산). 여기에 진행 속도를 올리거나 휴식을 생략하는 「강행군」의 경우에, 행군거리는 40~50km에 다다른다.

배낭의 내용물은 「바로 사용하지 않는 물건」이기 때문에, 장거리이동을 할 때는 모아서 차량에 쌓아두기도 한다. 이 때는 전투장비만을 가지고 다니면 되기 때문에, 불의의 습격을 받아도 신속하게 대응할 수 있게 된다.

배낭 안의 내용물

> **병사는 체중의 1/3이상의 장비를 가지고 다녀서는 안 된다.**
> 장비 중량은 20kg 정도로 억제해야 한다.

배낭의 내용물은 무기탄약 이외의 물품

- ●속옷 등의 갈아입을 옷(방수처리를 한다)
- ●판초나 상하 타입의 우비
- ●반합이나 식판, 젓가락이나 포크와 같은 개인용 식기
- ●담요나 침낭과 같은 침구
- ●레이션 종류(배급이 된 경우에만)
- ●사적인 물품(단 음식이나 담배, 책 등)

    ※사적인 물품은 어디까지나 「묵인」을 받고 휴대하는 것이기 때문에, 크거나 자리를 많이 차지하는 물품은 휴대 금지이다!

●대량의 장비를 짊어지고 걷기 위한 방법

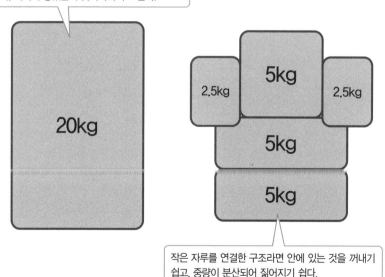

자루가 클 경우 밑에 있는 물건을 꺼내는데 고생을 하거나, 어디에 넣었는지 잊어버리기도 한다.

작은 자루를 연결한 구조라면 안에 있는 것을 꺼내기 쉽고, 중량이 분산되어 짊어지기 쉽다.

___

원포인트 잡학상식

배낭류의 명칭은 알기가 어려운데, 이것은 등에 짊어지는 자루를 의미하는 「륙색(독일)」, 「백팩(영국)」, 「냅색(영국)」, 「럭색(미국)」과 같은 말이 혼용되는 것도 그 원인일 것이다.

전투 베스트의 주머니에는 무엇이 들어가나?

「택티컬 베스트」, 「어설트 베스트」 등의 이름으로 불리는 전투용 베스트(조끼)에는, 크고 작은 주머니가 "뭐 이렇게 많아" 라는 말이 나올 정도로 많이 달려있다. 주머니 안에는 어떤 장비를 집어 넣을 수 있을까?

●「벨트 키트」에 들어가는 것은 대부분 들어간다

라이플의 예비탄창이나 권총의 홀스터, **수통, 메디컬 키트** 등 전투 중에 사용빈도가 높은 장비는, 긴 탄띠와 서스펜더를 조립한―「**벨트 키트**」의 형태로 장비하였다.

그 이유는 행군을 할 때 **배낭**을 짊어지면 등에는 다른 장비를 착용할 수 없기 때문에, 전투장비는 등 이외의 장소에 장착하여야만 하기 때문이다. 또한 허리 부분은 중심에 가깝기 때문에 많은 장비를 매달더라도 안정이 되고, 재빠르게 꺼내기도 쉽다는 장점도 있다.

그러나 벨트에 묶어서 운반할 수 있는 장비에는 한계가 있다. 특히 보병이 사용하는 라이플의 탄약 수는, 연사 가능한 어설트 라이플의 등장으로 인하여 증가하는 경향으로, 허리 둘레에 매달기에는 그 부피가 너무 커지게 되었다.

이러한 상황에서, 미군이 개발한 「로드 베어링 베스트」는, 베스트의 앞 부분에 『M16 라이플』용 매거진 파우치가 4군데 (2개들이가 2군데, 1개들이가 2군데)에 장착되어 있어서, 재빠르게 탄창교환을 할 수 있게 해준다. 그리고 이러한 사고 방식을 더욱 진화시킨 것이 「택티컬 베스트」라고 불리는 것이다.

택티컬 베스트는 탄약뿐만 아니라, 모든 장소에 장비를 수납할 수 있도록 디자인 되어 있다. 장비장착 면적이 허리 바깥 둘레뿐 이었던 벨트 키트 보다 베스트 표면을 활용할 수 있는 택티컬 베스트 쪽이 휴대량이 많으며, 또한 사용빈도가 높은 예비탄창 등은 베스트 앞면에, 그렇게 까지 사용빈도가 높지 않은 메디컬 키트 등은 옆면이나 뒷면에 배치 하는 것이 가능하였다.

소재는 주로 나일론과 같은 튼튼한 화학섬유가 사용되며, 메시 형태로 되어있는 것도 있다. 처음에는 휴대하는 장비가 많았던 특수부대에서 사용하였으나, 지금은 일반 병사들에게도 보급이 되었다.

「전투 베스트」의 내용물

베스트 앞 부분에 매거진 파우치를 배치한 「로드 베어링 베스트」

베스트 부분은 통기성 확보를 위하여 메시 상태로 되어있는 경우가 많다.

이러한 장비가 개량, 발전 되어 출현한 것이

● 택티컬 베스트

지금은 사용자의 취향에 따라 장비의 종류나 위치를 변경할 수 있는 타입이 일반적이다.

매거진 파우치 뿐만 아니라,
○ 권총의 홀스터
○ 플래시 라이트
○ 컴퍼스
○ 무전기나 GPS
○ 서바이벌 & 의료 키트
등의 장비를 각 부분에 수납할 수 있다.

이러한 전투 베스트에는 「결정적인 명명의 법칙(정의)」과 같은 것이 없다. "무기, 탄약에 더하여 각종 개인장비를 효율적으로 운반할 수 있도록 설계되어, 겉옷과 같은 감각으로 착용할 수 있는 조끼 형태의 장비"를 총괄하여 「택티컬~」라고 부르는 것이 실정이다.

원포인트 잡학상식

택티컬 베스트에는 방탄조끼(보디아머)의 기능을 갖춘 것도 있다. 이 경우, 수납된 장비 등에 의한 데미지 감소를 포함한 2중의 방탄효과를 기대할 수 있다.

매거진 파우치에는 예비탄창이 몇 개 들어가나?

탄환을 연속으로 발사할 수 있는 「어설트 라이플」이 보병 표준장비가 되면서부터, 예비탄창을 수납하는 매거진 파우치는 필수 장비가 되었다. 이 파우치에는 예비 탄창을 어느 정도 넣을 수 있는 것일까?

● 하나의 파우치에 1~3개

　매거진 파우치란, 병사가 라이플이나 권총용 예비탄창을 휴대할 때 사용하는 주머니이다. 특히 어설트 라이플은 사격 중에 탄을 전부 소비한 경우, 즉시 예비탄창으로 교환하지만, 병사 1명이 휴대 할 수 있는 탄수가 적다면, 뛰어난 「라이플의 화력」을 제대로 사용하지 못하게 된다.

　그래서 많은 예비탄창을 휴대 할 필요가 있으나, 탄창의 휴대를 위해서는 탄창을 넣기 위한 주머니가 필요하다. 그냥 자루나 주머니에 넣어두는 것 보다, 전투 중에 재빠르게 탄창을 꺼낼 수 있는 전용 파우치 라면, 그만큼 전투력이 향상된다. 매거진 파우치는 벨트나 가슴과 같이 탄창을 꺼내기 쉬운 위치에 장착하여, 탄창교환(매거진 체인지)을 재빠르게 할 수 있도록 만들어져 있다.

　매거진 파우치는 탄창의 형태에 맞춰서 제작되기 때문에, 『M16 라이플』용 매거진 파우치에는 일반적으로 M16용 예비탄창을 집어넣는다. 그러나 일반적으로 같은 사이즈의 탄약을 사용하는 라이플은 같은 형태의 탄창을 사용하기 때문에, 탄약의 사이즈가 비슷하다면 어느 정도의 호환성이 있다.

　군용 총의 매거진 파우치의 경우, 하나의 파우치에 2~3개의 예비탄창을 집어넣을 수 있는 대형 파우치와, 1개만 집어 넣을 수 있는 얇은 파우치가 있다. 지금은 이러한 파우치를 조합해서 4~6개 전후의 예비탄창을 휴대하는 경우가 많다. 파우치에는 흙먼지나 쓰레기가 들어가는 것을 막아주는 덮개가 달려 있다. 예전에는 주로 가죽으로 만들었지만, 현재는 대부분 나일론으로 되어 있다.

　권총용 매거진 파우치의 경우, 라이플보다 휴대 탄수가 적은 것과, 더욱 재빨리 재장전을 할 필요가 있는 점, 그리고 휴대성을 중요시하고 있는 점에서 하나의 매거진 파우치에 여러 개의 예비탄창을 넣는 일은 거의 없다. 많은 탄창을 휴대할 필요가 있는 경우에도, 1개들이 매거진 파우치를 몇 개씩 장착하는 것으로 많은 탄약을 휴대할 수 있게 된다.

매거진 파우치

어설트 라이플의 표준은 파우치 하나당 탄창 2~3개이다

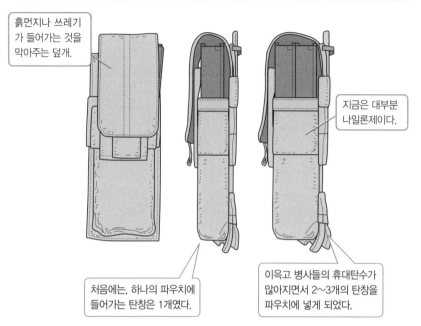

흙먼지나 쓰레기가 들어가는 것을 막아주는 덮개.

지금은 대부분 나일론제이다.

처음에는, 하나의 파우치에 들어가는 탄창은 1개였다.

이윽고 병사들의 휴대탄수가 많아지면서 2~3개의 탄창을 파우치에 넣게 되었다.

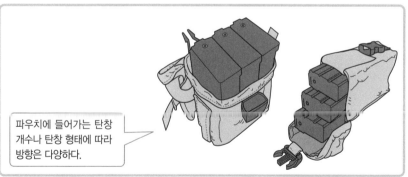

파우치에 들어가는 탄창 개수나 탄창 형태에 따라 방향은 다양하다.

탄창이 떨어지지 않게 하는 덮개는, 단추나 작은 구멍으로 잠그는 것, 벨크로로 고정하는 것, 수지로 된 기구를 사용하여 원터치로 탈착이 가능한 것 등, 여러 가지 종류의 덮개가 있다.

원포인트 잡학상식

파우치에는 덮개가 없이 탄창이 밖으로 드러나 있는 것도 있으나, 이것은 내부에 수지로 만든 고정기구가 장착되어 있어서 탄창에 장력을 가해 움직이지 않게 끼워 넣고 있는 것이다.

수류탄은 내놓고 매달 수 없다?

「베트남 전쟁에서 돌아온 원 맨 아미」와 같은 과장된 캐릭터는, 몸 이곳 저곳에 수류탄을 달아 놓고 있다. 아무리 그래도 폭발물을, 그렇게 아무렇게나 밖에 내놓고 매달더라도 괜찮은 것일까?

● 신관이 작동하지 않는 이상 그렇게 위험한 것은 아니다.

수류탄은 병사가 근접전투를 할 때 사용하는 소형 폭탄이다. 문자 그대로 「손으로 던지는 유탄」이다. 공 모양이나 파인애플 모양의 것이 주류이지만, 제2차 세계대전 때는 자루가 달린 것도 존재하였다.

수류탄을 직접 몸에 달고 다니는 휴대 방법은, 제1차 세계대전에서 수류탄이 보급되기 시작한 때부터 사용되었다. 병사들은 참호나 진지에 던져 넣는 수류탄을, 1발이라도 많이 휴대할 필요가 있었기 때문이다. 참호전에서 활약한 **트렌치 코트**에도, 수류탄을 매달기 위한 「D링(D형 고리)」이라는 부품이 달려있다.

수류탄은 분명히 "소형 폭탄"이긴 하지만, 채워져 있는 화약(작약)은 화학적으로 안정되어 있다. 수류탄의 기폭에는 신관이라는 점화장비가 필요하여, 유탄이나 포탄의 파편에 맞은 정도로는 유폭이 되지 않는다.

수류탄을 휴대할 때 신경을 써야 할 점은, 바깥으로 드러내놓고 휴대하는 것이 아니라, 신관을 작동시키지 않는 안전장치인 「핀」의 존재이다. 수류탄은 안전핀을 빼면 잠겨있던 레버가 움직이게 되어, 손을 놓으면 내부의 스프링의 타격력으로 신관이 점화된다. 이렇게 되면 더 이상 "몇 초 뒤에 일어날 폭발"을 막을 수 없어서, 사방으로 날아가는 파편에 주위 사람들이 죽거나 다친다.

핀에는 상당한 장력이 걸려 있기 때문에, 힘을 주어서 잡아당기지 않는 이상 빠지지 않지만, 베트남 전쟁과 같은 정글전에 있어서는 밖으로 드러난 수류탄의 안전핀이 수풀이나 나뭇가지에 걸려서, 빠져버리는 사고가 다발하였다.

이러한 사고를 막아야 된다고 생각하여, 지금은 수류탄을 파우치에 넣어서 휴대하게 되어있다. 원래 수류탄은 폭발 할 때까지 몇 초(3~5초 뒤)정도의 시간이 걸리기 때문에 순간적으로 사용하는 무기는 아니다. 꺼내는데 조금 시간이 걸린다 하더라도, 안전성을 우선해야 한다는 것이다.

수류탄의 휴대방법

● 트렌치 코트의 「D링」

수류탄에 채워진 화약
(폭약)은 화학적으로
안정한 상태이므로,
바깥으로 내놓고 매달
아도 괜찮다.

이 고리에 수류탄을 매단다

무서운 것은 「실수로 핀을 빼버리는 것」에 의한 오폭이다.

● 매거진 파우치의 주머니에 수류탄을 고정

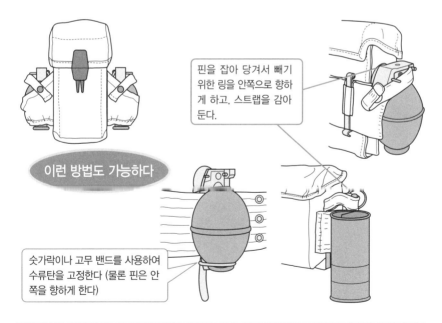

핀을 잡아 당겨서 빼기
위한 링을 안쪽으로 향하
게 하고, 스트랩을 감아
둔다.

이런 방법도 가능하다

숫가락이나 고무 밴드를 사용하여
수류탄을 고정한다 (물론 핀은 안
쪽을 향하게 한다)

원포인트 잡학상식

수류탄의 신관에는 「작동 후 몇 초의 여유가 있는」것 뿐만 아니라, 「충격에 의한 폭발」, 「핀을 잡아 빼면 즉시 폭발」하는 타입도
존재하기 때문에 주의를 해야 한다.

보디 아머는 방탄조끼와 다른 물건이다?

이름만 놓고 보면 중장비인 것이 「보디 아머」이고 베스트 상태인 것이 「방탄조끼」라는 느낌이 들지만, 이 둘의 명칭은 사용조직이나 판매 메이커에 따라 혼용되고 있어서, 일률적으로 분류하는 것은 어렵다.

● 파편을 막아주는가, 탄환을 막아주는가

보디 아머도 방탄조끼도, 양쪽 다 케블라나 아라미드와 같은 "잡아당기는 힘에 강한 = 잘 찢어지지 않는 화학섬유"를 몇 겹씩 겹쳐서, 날아오는 물질의 관통을 막는 장비이다. 어깨나 소매부분 까지 막아주는 중장비가 「보디 아머」이고, 베스트 상태의 경장비인 것이 「방탄조끼」라는 이미지는, 이 둘의 사용목적 차이에 의한 것이라 하겠다.

방탄조끼는 말 그대로, 탄을 막아내기 위한 조끼이다. 조끼에 총탄을 쏘더라도 조끼의 방어효과로 인하여 탄을 막아서, 착용자를 지키는 것이다.

그러나 탄을 "튕겨내는" 것이 아닌 화학섬유로 "막아내는" 것일 뿐이기 때문에, 착탄의 충격(운동 에너지)까지 막아주지는 못한다. 즉 방탄조끼가 탄을 막아내는 원리란, "잘 찢어지지 않는 세밀한 망으로 조끼를 만들어서, 탄환이 신체 안까지 관통되는 것을 막아주는" 것이기 때문이다.

그러나 관통까지는 아니더라도, 착탄의 충격이나 체내로 들어가려 하는 탄은 육체에 데미지를 준다. 이 문제를 개선하기 위한 「충격흡수용 패드」를 심어 넣은 모델도 있으나, 이 경우 조끼가 두꺼워지기 때문에 옷 안에 입을 때는 쉽게 눈에 띄게 된다.

이에 비하여 보디 아머는, 일반적으로 전장에서 포격전이 벌어질 때 발생하는 포탄의 파편으로부터 몸을 보호하는 방어장비라 여겨진다. 파편이 앞에서부터 날아온다고 정해진 것은 아니기 때문에, 다른 곳 보다 약한 옆구리나 하복부, 인체의 급소인 목 주변 등, 신체의 넓은 범위를 가능한 만큼 커버하는 것을 중시하여 디자인 되어 있다.

"케블라와 같은 섬유를 겹쳐서 관통을 막아낸다"라는 사고방식은 같기 때문에 총탄을 막을 수 도 있지만, 주목적이 파편을 막아내는 것이기 때문에, 경호원들이 입고 있는 방탄조끼 보다 방어력이 떨어지는 보디 아머도 많다.

보디 아머와 방탄조끼의 차이

보디 아머와 방탄조끼는 착용목적(용도)이 다르다.

보디 아머

=포 폭격시의 파편을 막아낸다

목이나 옆구리 부분 등 신체의
넓은 범위를 커버한다.

전장에서 두려운 것은 총탄보다
포 폭격시의 파편이기 때문에,
병사들이 착용하는 경우가 많다

방탄조끼

=총탄의 관통을 막아낸다

옷 아래에 입는 것이 가능하다.
그러나 두께를 두껍게 하는데
한계가 있다.

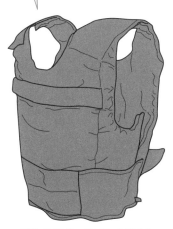

탄을 막아내는 용도로 요인경호
SP나, 경찰의 전투부대 등에게
인기가 있다.

소재는 양쪽 다 케블러나 아라미드를 사용한다.

얼핏 보기에는 조끼(베스트)로 보이는 보디 아머가 있는가 하면, 보디 아머라는 이름으로 판매되는
방탄조끼도 있다. 메이커의 판매전략이나 군의 장비조달 사정으로 이렇게 명칭이 섞여서 사용되고
있다.

원포인트 잡학상식

방탄장비 밑에 단추나 파스너와 같은 딱딱한 물체가 있으면 충격을 분산 시킬 수 없어서 부상을 당하는 경우가 있다. 그래서 옷
위에 입는 일이 많은 방탄조끼는 더욱 주의를 해야 할 필요가 있다.

방탄조끼는 라이플 탄을 막을 수 없다?

「총에 맞아도 죽지 않았다. 왜냐면 방탄조끼를 입었기 때문이지」 —자주 보는 상황이지만, 방탄조끼는 그렇게 강력한 장비일까? 어떤 총탄이라도 막을 수 있는 것일까?

● 주된 가상의 적은「권총탄」

"총탄은 방탄조끼로 막을 수 있다" 라는 것이 일반적인 이미지인 것은 틀림 없을 것이다. 그러나 방탄조끼라 해도 무적인 것은 아니고, 이「방탄」능력의 한계는 의외로 낮다.

미국의「NIJ」라는 연구기관에서는 착의 타입의 방탄장비를 능력별로「레벨 I」~「레벨 IV」로 순위를 정하고 있지만, 그 중에서도 드라마에서 자주 나오는「—사실은 방탄조끼를 입고 있었습니다」라는 반전이 통용되는 (즉 주위의 인간들이 방탄조끼 착용을 모를 정도의)것은, 아무리 두꺼워도 레벨 II 정도이다.

방탄조끼의 원리는「케블라」와 같은 화학섬유를 매우 촘촘하게 짜서 겹친 "망"으로 탄환을 잡아낸다는 것으로, 끝 부분이 뾰족한 라이플탄을 멈출 수는 없다. 게다가 라이플탄은 권총탄보다 탄을 가속시키는 화약(발사약)의 양이 많기 때문에, 탄의 속도도 비교가 되지 않을 정도이다.

「방탄」이라는 말이 사실과 동떨어져서 사람들에게 "탄환의 위력을 완벽하게 막아내는" 이라는 이미지를 강하게 주고 있지만, 실제 주로 사용되는 장비는 데미지를 무효화 시키는 것이 아닌, "데미지를 경감하는" 것이라 생각해야 한다(일부 자료에는 이러한 조끼의 기능을「방탄」이 아닌「항탄」이라 표기하는 경우도 있다).

방탄조끼로 라이플탄을 막으려 한다면, 내부에 금속이나 세라믹으로 만들어진 플레이트를 끼워 넣어서 탄을 튕겨내는 것과 같은 난폭한 방법을 취할 수 밖에 없다.「레벨 III」일부분과「레벨IV」의 방탄조끼는 이러한 방법으로 라이플탄에 대한 방어력을 확보하고 있어서, 분쟁지역과 같은 곳에서 사용되고 있다.

또한 높은 수준의 방탄장비는 방어력을 높이는 대신 안에 들어가는 것이 많아지기 때문에, 착용하면 부피가 커져서 움직이는데 방해가 된다. 그래서 현장의 상황에 맞춰서 플레이트를 떼어내는 식의 임기응변으로 대응하고 있다.

방탄조끼의 방탄능력

NIJ규격의 방탄 순위

(※NIJ = National Institute of Justice,
국립사법연구소)

이것은 탄환을 4인치 (약 10cm)이상의 간격을 두고 5발(레벨IV의 경우 1발)을 발사하고, 관통하지
않은 제품에는 NIJ규격으로 합격할 수 있다.

권총탄 클래스 (사거리 5m)

테스트에 사용한 탄약

레벨 I	= 22구경 / 38스페셜
레벨 II A	= 9mm / 357매그넘
레벨 II	= 9mm / 357매그넘 (긴 총열)
레벨 III A	= 9mm (긴 총열) / 44매그넘
레벨 III A+	= 『토카레프』 7.62mm 버틀넥 탄
레벨 III A++	= 샷건의 라이플 슬러그 (1입탄)

라이플탄 클래스 (사거리15m)

레벨 III	= 7.62mm라이플탄 (통상탄)
레벨 III +	= 『AK47』 7.62mm 스틸 재킷탄
레벨 IV	= 7.62mm 라이플탄 (철갑탄)

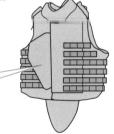

라이플탄 클래스의 방어레벨을 갖추려 하면, 조끼
안쪽에 방탄 플레이트 등을 넣는 것 이외에 방법이
없다.

※『토카레프』는 권총, 『AK47』은 어설트 라이플의 이름.

원포인트 잡학상식

방탄규격에는 NIJ규격 이외에도 미국의 「UL규격(미국보험업자연구소)」이 유명하지만, 독일의 「DIN」이나 영국의 「BS」와 같은
각국의 공업규격에 있어서도 독자적인 기준이 존재한다.

방탄조끼는 유통기한이 있다?

착용자를 총탄으로부터 막아주는 방탄조끼는, 영구적으로 효과를 발휘하지는 않는다. 사양대로의 효과를 발휘할 수 있는 기간이 존재하고, 취급을 잘못하거나 보관방법을 지키지 않으면 그 기간은 더욱 짧아진다.

● 원인은 주로 방탄소재의 품질저하

일반적으로 경찰조직 등에서 정해놓은 방탄조끼의 운용기한은 3년 전후라고 하며, 기한이 다되면 새로운 것으로 교환된다. 방탄조끼의 주요 소재인「케블라」라는 화학섬유는 직사광선에 약한 성질을 가지고 있어서, 빛에 닿으면 소재의 품질저하가 진행되기 때문이다.

이와 같은 품질저하는 제대로 관리를 한다고 하더라도 진행을 막을 수는 없기 때문에, 제조 된지 대략 5년 이상이 경과한 방탄조끼는 케블라의 노후화에 의하여 방탄능력이 저하된다.

또한 케블라는 물에 약한 특성도 지니고 있어서, 젖게 되면 방탄능력이 극단적으로 저하된다. 이러한 문제점은 방탄조끼 표면에 방수처리를 하는 것으로 대응할 수 있지만, 이 때문에 방탄조끼를 착용했을 때의 통기성은 극단적으로 나빠지게 된다.

피탄이 된 방탄조끼 역시, 그대로 계속 사용하지는 못한다. 섬유 형태의 구조를 가지고 있는 케블라는, 그물눈 부분이 탄환에 얽혀서 에너지를 흡수한다. 이 때문에, 착탄한 곳의 섬유는 엉망이 되어, 착탄되었던 주변에 다른 탄환이 명중되면 섬유가 찢어져서 관통 된다.

일반적인 방탄조끼의 규격으로는, 몇 발이고 간에 총탄을 맞은 경우에 "각각 4인치 (10.6cm) 이상의 거리"가 확보되지 않으면 사양에서 나온 성능은 발휘 할 수 없다고 한다.

빛에 약하고, 물에 약하며, 노후화를 막을 수 없다는 약점은 방탄조끼에 한정된 것이 아닌, 케블라를 사용한 방탄장비에 공통적인 특징이다. 이 때문에「PASGT」헬멧과 같은 장비도 일정기간 사용하고 나면 갱신을 하거나, 취급을 할 때 주의를 기울여야 한다.

3년이 지나면 바꿔주어야 한다

> 방탄조끼의 운용기한은 3년 전후이다

이유

방탄부분의 주요성분인 「케블라」는
이 정도 기간이 지나면 품질이 저하되기 때문이다.

케블라 섬유는 빛에 약한 성질을 가지고 있어서,
제대로 관리를 하더라도 노후화를 막을 수는 없다!

이 외에도……

물에 젖거나 잠긴 것

한 번 이라도
피탄 된(탄환을 맞은) 것

이렇게 된 방탄조끼는 전부 교환 대상이다.

원포인트 잡학상식

「프릿츠」라는 별명으로 불리는 미군의 PASGT헬멧에는 헬멧커버가 표준장비로 들어가 있으나, 이것은 위장효과뿐만 아니라 케블라의 품질저하를 막는 역할도 수행한다.

팔꿈치나 무릎에 보호구를 착용하는 이유는?

현대전을 치르는 병사들이, 팔꿈치나 무릎에 미식축구 선수와 같은 보호구를 장착하고 있는 모습을 볼 수 있다. 원거리에서 서로 총을 쏘는 것이 기본인 병사들에게, 어째서 이러한 장비가 필요한 것 일까?

● 프로텍터 패드

현대의 병사들은 중세의 기사나 미식축구 선수들과 같이 서로 육체를 부딪쳐가며 싸우는 것도 아닌데, 팔꿈치나 무릎과 같은 곳에 튼튼하게 생긴 보호구를 장착하고 있는 모습을 어렵지 않게 볼 수 있다. 최첨단 장비를 가지고 있는 특수부대는 물론이고, 요즘에는 일반 병사들 중에서도 보호구를 착용하는 모습을 볼 수 있게 되었다.

팔꿈치나 무릎을 감싸는 보호구의 기능으로, 일단 떠올릴 수 있는 것이 "팔꿈치나 무릎의 보호" 이다. 두꺼운 벽, 뾰족한 암석에 몸이 상처를 입지 않도록, 바깥쪽의 껍질(쉘)로 보호하고, 몸에 전달되는 충격은 사이에 들어가 있는 완충제로 흡수, 완화하는 것이다.

병사들이 착용하는 전투용 보호구에, 충격을 흡수하고 보호하는 것과 같은 효과에 더해서 다른 특별한 기능이 있는 것은 아니다. 단순하게 충격으로부터 팔꿈치와 무릎을 보호하고, 데미지를 받지 않도록 해주는 효과만이 있을 뿐 이지만, 이「데미지를 받지 않는」효과는, 삶과 죽음이 종이 한 장 차이인 상황에 있어서는 무시할 수가 없다.

전장에서 병사들은 순간적인 판단이나 행동에 의하여 생사가 결정되기도 한다. 예를 들어 "급하게 엎드려야만 하는 상황" 인데도「……혹시 무릎에 상처를 입을 지도?」와 같은 생각을 한 순간이라도 하게 된다면 순간적인 판단이나 행동을 할 수 없다.

그래서「나는 보호구를 장착하고 있으니까 조금 무리하더라도 다치지는 않는다」와 같은 자기암시를 걸어두는 것으로, 재빠르게 주저하지 않고 움직일 수 있다. 부드러운 가죽이나 두꺼운 천으로 만들어진 장갑을 장착하는 것 역시 같은 이유이다.

아래팔이나 정강이, 어깨 부분의 보호구는 "격렬한 움직임에 따른 부상으로부터 몸을 보호" 하는 것과는 관계가 없어 보이지만, 예측하지 못하고 넘어지거나 높은 곳에서 굴러 떨어지는 상황에서 몸을 보호해 준다.

손발을 보호하는 보호구

보호구를 장착하는 이유
● 팔꿈치나 무릎 등의 보호
● 「격렬하게 움직여도 괜찮다」라는 심리적 효과

● 팔꿈치용 보호구

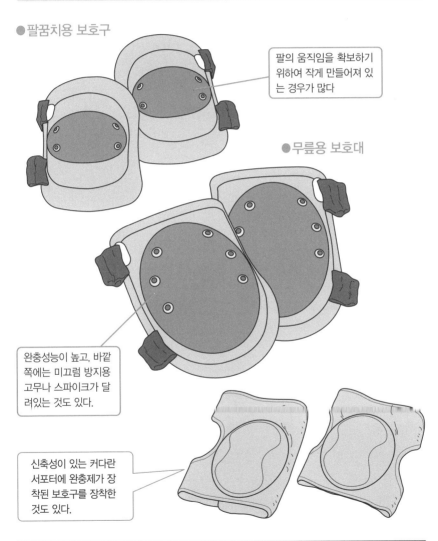

팔의 움직임을 확보하기 위하여 작게 만들어져 있는 경우가 많다

● 무릎용 보호대

완충성능이 높고, 바깥쪽에는 미끄럼 방지용 고무나 스파이크가 달려있는 것도 있다.

신축성이 있는 커다란 서포터에 완충제가 장착된 보호구를 장착한 것도 있다.

원포인트 잡학상식
경찰의 특수부대나 폭동진압용부대가 장착하는 보호구는, 격투나 투석에 대응하기 위하여 거의 전신을 감싸는 디자인으로 되어있기도 한다.

수통에는 물이 얼마만큼 들어가는가?

개인장비 중에서도 수통은 중요한 아이템이다. 인간이 활동하기 위해서는 물이 반드시 필요하기 때문이다. 예전에는 동물의 위장을 가공한 것이나 방수처리를 한 소형 나무통이 사용되었고, 시간이 지나면서 함석이나 알루미늄으로 만든 금속제 수통이 나왔다.

● 물 없이는 전쟁을 할 수 없다

수통은 음료수를 넣고서 걷기 위한 용기로서, 군대의 병사들이 사용하는 타입의 수통은 일반적으로 1리터 정도의 물을 운반 할 수 있다.

특수부대의 대원과 같이 장기간 단독행군을 하지 않는 이상, 여러 개의 수통을 들고 다녀야 할 경우는 거의 없지만, 위생병과 같은 경우에는 의식이 몽롱한 병사들을 깨우는 용도나 상처의 세정용으로 2개 이상의 수통을 장비하는 경우도 있다.

이외에도 "독가스 공격을 받은 이후에 가스 성분을 씻어내는 것"과 같은 용도로도 필요하기 때문에, 보급이 가능한 상태가 되면 수통에 물을 가득 채우는 것이 바람직하다고 할 수 있겠다.

수통의 재료로 예전에는 동물의 위장이나 가죽, 대나무나 나무와 같은 식물이 사용되었으나, 군용품으로 대량생산을 하게 되면서부터는 알루미늄과 같은 경금속이 사용되었다.

현재에는 더욱 가볍고 튼튼한 수지제 수통이 주류가 되었으나, 어느 쪽이건 캔버스나 나일론과 같은 천 커버를 위에다 씌운다. 이것은 보온보다는 수통 본체의 보호와 반사방지가 목적이고, 여기에 수통 밑부분에 끼워져 있는 컵을 고정하는 용도도 겸하고 있다. 본체가 수지로 만들어졌다 하더라도 컵은 금속제이기 때문에, 컵 부분을 불에 대고 물을 끓일 수 있다.

운반할 때는, 금속 훅을 사용하여 허리의 **피스톨 벨트** 부분에 장착한다. 긴 끈을 사용하여 어깨띠를 메듯이 메는 방법은, 격렬한 움직임에 따라 물이 들어가 있는 수통이 날뛰어서 불편하기 때문이다.

많은 물을 운반할 수 있고, 거기다 움직일 때 방해가 되지 않는 타입의 수통으로 「하이드레이션 시스템Hydration Syatem」이라는 것이 있다. 이것은 등에 짊어지는 방식의 얇고 평평하며 부드러운 플라스틱 필름으로 만들어진 물 주머니로, 입가에까지 나와있는 드링크 튜브로 물을 마시는 것이다.

물은 언제나 가득 채워둔다

수통의 용량은 일반적으로 1리터 정도이다

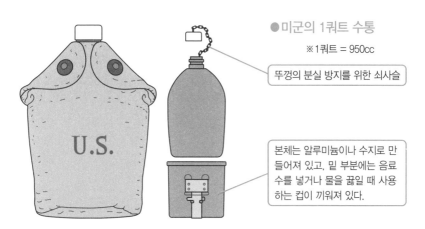

●미군의 1쿼트 수통

※1쿼트 = 950cc

뚜껑의 분실 방지를 위한 쇠사슬

본체는 알루미늄이나 수지로 만들어져 있고, 밑 부분에는 음료수를 넣거나 물을 끓일 때 사용하는 컵이 끼워져 있다.

●2쿼트들이 사각형 수통

이전에는 많은 물이 필요할 때, 여러 개의 수통을 가지고 다녔으나, 현재에는 상황에 맞추어서 대용량 수통을 사용하는 경우가 많다.

●하이드레이션 시스템
(캐멀백이나 하이드라백이라고도 한다)

등에 메는 방식의 물 주머니는 수분 보급에는 알맞은 형태이지만, 더러운 것을 씻어낼 때나 독가스를 씻어낼 때는 불편하다.

원포인트 잡학상식

현재에는 「오염되어 있지 않는 물을 확보하는」관점에서, 따지 않은 페트병에 홀더를 장착해서 가지고 다니는 경우가 늘어나고 있다.

반합은 일본에서 만들어 졌다?

반합(飯盒)의 「반(飯)」은 밥이란 뜻이고, 「합(盒)」은 그릇이란 뜻이다. 반합이란 밥을 넣는 그릇이란 뜻으로, 「검게 칠한 양철 도시락통」과 같은 모양이었던 최초의 반합은 조리를 위하여 불에 뗄 수 없었다.

● 유럽에서 전래된 조리기구

반합을 사용하여 밥을 짓는다는 말을 들어보았을 것이다. 군대나 캠프에서 밥을 지을 때 주로 사용하는 용어이므로 "반합은 밥을 짓는 도구"라는 인상이 있겠지만, 일본에서 만들어진 조리기구는 아니고, 메이지 시대(19세기 중후반)에 유럽에서 전래된 것이다.

당시의 일본군대는 장비부터 전술까지 서양식 방법을 기준으로 하고 있었기 때문에, 병사들의 식량도 크래커와 같은 것을 배급하였다. 군복이나 장비와 마찬가지로 반합도 이 때 사용하게 되었지만, 용법은 도시락 통─식기로 밖에 사용할 수 없었다.

이 후 「역시 쌀밥을 먹어야 힘이 난다」라는 것으로, 각자에게 생쌀을 배급해서 현지에서 취사를 하는 것이 장려되었다. 메이지 31년(1898년)경에는 반합도 알루미늄으로 만들어져서 개인취사가 가능해졌지만, 이 역시 일본의 독자적인 것이 아닌 독일에서 만들어 진 것이 베이스가 되었다. 게다가 설비라인을 독일에서 들여와서 제조한 것이기 때문에 "모방"이라기 보다는 수입에 가까운 것이라 할 수 있겠다.

경금속으로 만들어져서 불을 사용할 수 는 있지만, 밥을 짓는 것이 목적은 아니다. 독일을 비롯한 외국에서는, 배급된 스프를 반합에 데워 먹는다. 스프는 「야채 등을 끓인 것」으로, 크래커와 같은 딱딱한 빵을 찍어서 먹는다.

뚜껑부분은 프라이팬을 대신할 수 있도록 접이식 손잡이가 달려있고, 본체 부분이 한 쪽으로 굽어서 누에콩처럼 생긴 것은 허리에 매달 때 안정되도록 배려를 한 것이다.

물론 이러한 독일제 반합 역시, 당시 유럽각지에서 사용되었던 것으로 독일에서 발명한 것인지는 알 수 없다.

밥도 지을 수 있습니다

> 반합으로 밥을 짓기 시작한 것은 일본인일지도 모르지만,
> 반합 그 자체는 유럽에서 건너왔다

● 초기에는 도시락형 반합이다

제2차 세계대전 때에는
지금과 같은 형태가 되었다.

뚜껑을 뒤집어서
프라이팬으로 사용
하거나 된장국을
끓인다

중간 접시에는 반찬
이나 안주(야채 절임
등)를 넣었다.

본체 부분에는 건
더기가 들어간 스
프를 넣었지만, 일
본에서는 밥그릇
으로 사용되었다.

메뉴 중에「스프나 쌀밥 비율」이
적은 나라에서는, 알루미늄이나
스테인리스제의 평평한「미트캔
(매스 팬)」이 사용되었다.

제2차 세계대전 당시의 일본군에도「이중 반합」이란 것이 만들어졌다. 위 아래도 2개의 반합을 겹친 것으로, 한번에 2배의 쌀로
밥을 짓거나, 밥이나 조림을 같이 만들 수 있었다.

라이플에 달려있는 긴 끈은 어디에 사용하는가?

라이플에 달려 있는 끈은 「멜빵」, 「슬링」, 「슬링 벨트」 라고 부르며, 매다는 것을 목적으로 한 끈이나 벨트를 가리킨다. 단순하게 멜빵이라고 하는 경우, 총을 매달기 위한 얇은 벨트라고 생각해도 좋다.

● 총의 운반용, 그리고 사격시의 안정용

멜빵은 라이플과 같은 "길고 무거운 총기"를 쉽게 운반하기 위하여 사용된다. 라이플이나 기관총은 사이즈를 놓고 보았을 때, 휴대를 하기에는 적합하지 않다. 그래서 전투를 할 때 빼고는 멜빵을 이용하여 피로를 덜어준다.

멜빵을 이용하여 무거운 총을 어깨나 등으로 메달 수 있는 것이 가능해져서, 이동(행군)시나 대기 할 때 손으로 잡지 않더라도 라이플을 안정된 상태로 소지 할 수 있다.

일반적인 멜빵은 얇고 긴 벨트로서, 총의 양쪽 끝에 연결되어 있다. 예전에는 가죽으로 만들어 졌으나, 지금은 면이나 나일론으로 만들어 진 것이 주류이다. 총 본체와는 「가지고리」나 「D링」과 같은 금속 장구를 사용하여 연결하지만, 저격병은 찰칵거리면서 소리를 내지 않는 가죽 벨트와 단추를 합쳐서 사용하는 경우가 많다.

멜빵은 전투 시에도 사용된다. 특히 기관총이나 어설트 라이플, 서브 머신건과 같이 연사가 가능한 총기의 경우(개인이 들고 다니는 것을 상정하고 있지 않는 「중기관총」과 같은 것은 포함시키지 않는다), 운반 이외에도 "연사를 할 때 안정성을 향상시키는"역할을 기대 할 수 있다. 멜빵을 어깨에서 빼지 않고 지향사격 자세를 취하는 것으로, 연사시 총의 반동을 억제할 수 있다.

이러한 대량이고 무게가 무거운 총에 사용되는 멜빵은, 벨트가 어깨에 파고 들어가는 것을 방지하기 위하여 다소 폭이 넓게 제작되어 있거나, 파고드는 것을 방지하기 위한 패드가 장착되어 있기도 한다.

지금의 멜빵은 메다는 벨트로서의 용도에 더하여, 「3점 멜빵」, 「택티컬 슬링」등으로 불리는 "반동을 억제하는" 기능이나, "재빨리 사격 자세를 취할 수 있는"기능을 갖춘 것도 등장하였다. 총을 허리 부분에서 지향 사격 자세를 취하고 있는 상태에서 재빠르게 견착을 하여 조준 할 수 있도록 디자인 되어 있거나, 손을 놓은 상태에서도 총구의 방향이 변하지 않게 제작되었다.

라이플의 「메는 끈」

> 멜빵은 이동 할 때는 전투 할 때에
> 총을 안정시키기 위한 것이다.

멜빵이 달린 총은 행군 할 때 어깨에 멜 수 있다.

사이즈가 대형인 총의 경우에는 폭이 넓거나 패드가 들어가 있다.

나일론으로 만든 것이 주류이다.

3점 고정식 멜빵은 손을 놓아도 총구가 흔들리지 않는다.

● 멜빵을 잡아 당겨서 장력을 거는 방법(루프 슬링)

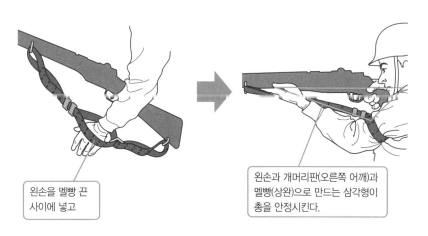

왼손을 멜빵 끈 사이에 넣고

왼손과 개머리판(오른쪽 어깨)과 멜빵(상완)으로 만드는 삼각형이 총을 안정시킨다.

원포인트 잡학상식

기관총과 같은 대형총기는 멜빵이 어깨에 파고 들어가지 않도록, 수건을 말아서 보강하는 경우도 있었다.

어떤 곳에도 장착할 수 있는 홀스터란?

홀스터란 권총을 수납하는 케이스를 가리키는 말이다. 라이플과 같은 메인 웨폰에 총알이 떨어지더라도 재빠르게 꺼내서 전투를 속행 할 수 있도록, 겨드랑이 밑이나 허리 부분 등, "손이 가기 쉬우면서 방해가 되지 않는 장소" 에 장착된다.

● 특수부대나 민간군사회사에서 인기가 있다

「컨버젼 홀스터」라고 불리는 홀스터가 있다. 홀스터의 길이를 조절하거나, 어태치먼트나 벨트로 테이프를 이용하여 위치나 길이를 조절하여, 여러 장소에 장착할 수 있는 홀스터이다.

홀스터는 일반적으로, 어깨에서 내려뜨리는 「숄더 홀스터」, 허리 춤의 엉덩이에 가까운 위치에 장착하는 「힙 홀스터」, 대퇴부에 장착하는 「레그 홀스터」나, 발목에 권총을 숨겨 넣어두는 「앵클 홀스터」 등, 장착위치에 따라 이름이 붙여지고 분류되어 있다.

각각의 타입에는 장점도 있으나 단점도 있다. 숄더 홀스터는 총을 품에 숨기기 쉬운 대신에 총을 재빠르게 뽑기에는 적합하지 않고, 힙 홀스터는 재빠르게 총을 뽑을 수 있는 반면에 은닉성이 좋지 않다. 앵클 홀스터는 소형의 총 밖에 사용할 수 없……이러한 사항과 같이, 각각의 타입에 일장일단이 존재한다.

기존의 홀스터를 사용하는 경우, 용도에 맞춰서 여러 종류를 준비해야 할 필요가 있었다. 숄더 홀스터는 허리 벨트에는 연결되지 않고, 힙 홀스터는 겉옷 안쪽으로 숨기려 해도 숨겨지지 않았다.

그러나 컨버젼 홀스터의 경우에는 다르다. 어깨에서 내려뜨리기 위한 숄더 하네스나, 허리에 장착하는 루프나 캐리어와 같은 부품을 어태치먼트를 통해서 자유롭게 탈착 할 수 있기 때문에, 하나의 홀스터로 모든 기능을 발휘 할 수 있는 것이다.

재질은 가죽제인 것은 거의 없고, 카이덱스나 나일론과 같은 화학소재가 많이 사용되고 있다. 이러한 소재는 가볍고 강도가 있기 때문에 전체를 얇고 작게 만들 수가 있어서, 벨크로 테이프와의 상성도 좋기 때문이다. 벨크로 테이프는 길이나 각도의 제한 없이 사물을 고정시킬 수 있기 때문에, 사용자에 따라 미세한 조절을 간단하게 할 수 있다.

부품을 조립하여 자유자재로 사용할 수 있다

하나의 홀스터를 여러 장소에 장착할 수 있다.

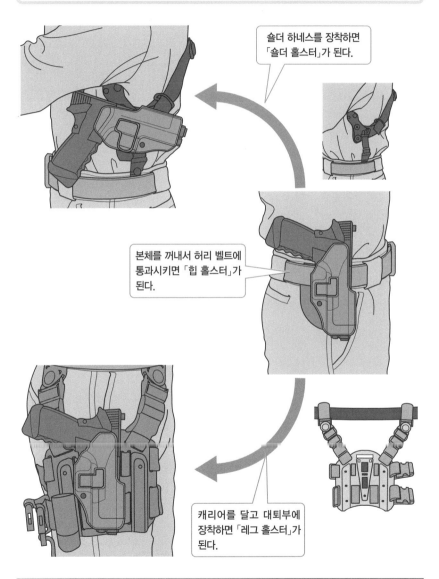

숄더 하네스를 장착하면 「숄더 홀스터」가 된다.

본체를 꺼내서 허리 벨트에 통과시키면 「힙 홀스터」가 된다.

캐리어를 달고 대퇴부에 장착하면 「레그 홀스터」가 된다.

원포인트 잡학상식

「숄더 / 힙 겸용」이라고 처음부터 나온 홀스터는 예전부터 존재하였으나, 어정쩡하게 만들어져서 그렇게 실전적이지는 못하였다.

총과 합체하는 홀스터가 있다?

홀스터란, 총을 수납해서 휴대하기 위한 케이스 이다. 개머리판(스톡)이란, 총을 사격할 때 안정된 조준을 도와주는 부품이다. 이렇게 다른 용도의 두 가지 것을 하나로 만든 것이 「홀스터 스톡」이다.

● 개머리판 겸용 홀스터

평소에는 홀스터로서 총을 수납하고, 전투를 할 때에는 총과 합체시켜서 개머리판 역할을 하는 것이 「홀스터 스톡」이라는 것이다.

라이플은 길이가 길기 때문에 제대로 견착을 해서 조준을 할 수 있지만, 권총은 사이즈가 작은데다 견착 조준이 불가능하기 때문에 제대로 조준을 하기 힘들다. 그래서 권총의 그립(손잡이)부분에 탈착식 개머리판을 장착해서, 조준 정밀도를 높여보자고 생각하게 된 것이다.

이러한 사상은 총기설계자들 사이에서 일정한 공감을 얻은 듯 하여, 제2차 세계대전 때까지 여러 가지 모델의 권총이 개머리판을 장착할 수 있도록 만들어져 있었다. 그러나 권총에서 떼어낸 개머리판의 부피가 커서 거추장스러웠다. 그래서 아예 개머리판 안을 파내서 권총이 들어갈 수 있도록 만들면, 홀스터로서 사용할 수 있기 때문에 일석이조의 효과를 얻을 수 있었다.

그러나 다소 명중률이 향상되었다고는 하더라도 라이플과 같은 명중률이나 위력에는 미치지 못하였고, 개머리판을 장착해서 사이즈가 커져버린 권총은, 권총이라는 무기의 최대 장점인 「컴팩트」함을 잃게 되었다.

홀스터 스톡은 생산하는데 시간이 많이 드는데다, 가죽이나 나일론과 같은 부드러움이 없었기 때문에 허리에 착용한 상태에서는 꽤나 거추장스러웠다. 이러한 부정적인 면과, 권총의 명중률 상승이라는 긍정적인 면을 천칭에 달아서 비교한 결과, 아무래도 부정적인 면이 눈에 띄게 되어서, 결국은 홀스터 스톡은 만들어지지 않게 되었다. 현대에는 개머리판 장착형 권총은 소수파가 되어, 「풀 오토사격(기관총과 같은 연사)」나 「버스트(한번 방아쇠를 당기면 2~3발씩 탄이 나간다)」사격이 가능한 모델 중에 극히 일부에서만 개머리판이 사용된다. 그 목적은 연사시의 안정성 향상을 노린 것으로, 예전과 같이 홀스터를 겸해서 휴대를 편리하게 하는 것과 같은 사고방식의 물건은 만들지 않는다.

홀스터 스톡

권총은 사이즈가 작기 때문에 견착 조준을 할 수 없다

라이플과 같은 개머리판을 붙이면 견착 조준이 가능하다!?

개머리판만 있으면 방해가 되니까 홀스터 기능까지 겸비시키자

홀스터 스톡의 탄생

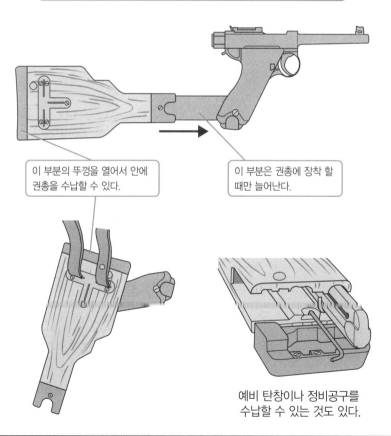

이 부분의 뚜껑을 열어서 안에
권총을 수납할 수 있다.

이 부분은 권총에 장착 할
때만 늘어난다.

예비 탄창이나 정비공구를
수납할 수 있는 것도 있다.

원포인트 잡학상식

권총용 홀스터 스톡은 「모젤 권총」의 것이 유명하지만, 이 외에도 「브라우닝 하이파워」나 「콜트 거버먼트」와 같은 유명한
권총에 대응하는 것도 수많이 제작되었었다.

홀스터에 뚜껑이나 고정장치가 없어도 안전하다?

특수부대의 대원이나 경찰관 등이 사용하는 홀스터에 「수지제 홀스터」 타입의 물건이 있다. 이러한 홀스터에는 일반적인 홀스터에 붙어있는 커버(덮개)나 고정장치가 달려있지 않지만, 총이 빠지거나 떨어지지 않는 것일까?

● 수지가 가지고 있는 탄력으로 권총을 잡아준다

홀스터란 총―주로 권총―의 케이스이다. 총을 안전하게 휴대하기 위해서는 움직일 때 홀스터에서 빠지거나, 떨어지지 않도록 「덮개」가 장착되어 있는 것이 바람직하다. 일반적으로는 「플랩」이나 「스트랩」과 같은 부품이 이러한 역할을 해주고 있다.

그러나 그와 동시에, 홀스터란 "총을 재빠르게 뽑기 위한 홀스터" 이기도 하다. 이 경우, 총을 감싸고 있는 플랩이나 고정하고 있는 스트랩이 총을 뽑는데 방해가 된다. 총을 확실하게 고정시키면서, 뽑기 쉽게 만드는 것. 얼핏보기에 상반되는 2가지 요소를 양립시킨 홀스터가, 「카이덱스」라는 합성수지소재를 사용한 「카이덱스 홀스터」이다.

이것은 홀스터 안에서 권총을 고정할 때 덮개나 고정장치를 사용하는 것이 아닌, 소재가 가지고 있는 탄력성을 이용한 것이다. 카이덱스의 탄성(외부에서 가해지는 힘에 의해 변형이 되지만, 힘이 제거되면 원래대로 돌아가려는 성질)을 이용한 총의 고정력은 상당히 강력하여, 점프를 하거나 물구나무를 서는 정도로는 총이 빠지는 일은 일어나지 않는다. 동시에, 그립을 잡고 잡아당기기만 하면 권총을 홀스터에서 뽑을 수 있고, 게다가 단추를 푸르거나 하는 번거로움도 없기 때문에 재빠르게 사격자세를 취하는 것이 가능하다.

홀스터의 덮개는 "흙먼지나 물이 권총에 들어가지 않게 하는" 역할도 담당하기 때문에 무조건 없는 것이 좋다고 할 수는 없는 것 이지만, 튼튼한 군용권총을 사용하는 경우나, 자주 손질을 할 수 있는 환경이라면 그렇게 문제가 되지는 않는다.

수지제 홀스터는 가볍고 튼튼하다는 장점도 있지만, 총의 종류에 맞춘 형태로 제작을 할 필요가 있다. 구식 홀스터라면 어느 정도 사이즈만 일치한다면 「홀스터 하나에 여러 가지 권총을 넣을 수」있었지만, 카이덱스 홀스터의 경우에는 이러한 방법으로는 사용할 수 없다.

카이덱스 홀스터

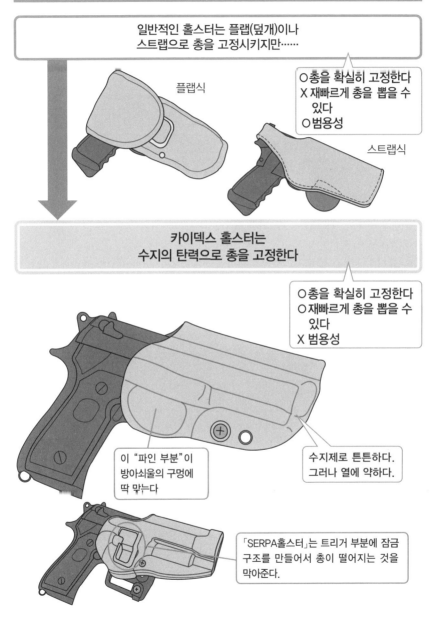

일반적인 홀스터는 플랩(덮개)이나
스트랩으로 총을 고정시키지만……

플랩식

○ 총을 확실히 고정한다
X 재빠르게 총을 뽑을 수
　있다
○ 범용성

스트랩식

**카이덱스 홀스터는
수지의 탄력으로 총을 고정한다**

○ 총을 확실히 고정한다
○ 재빠르게 총을 뽑을 수
　있다
X 범용성

이 "파인 부분"이
방아쇠울의 구멍에
딱 맞는다

수지제로 튼튼하다.
그러나 열에 약하다.

「SERPA홀스터」는 트리거 부분에 잠금
구조를 만들어서 총이 떨어지는 것을
막아준다.

원포인트 잡학상식

카이덱스는 추위나 물에는 강하지만, 열에는 약하다는 특징이 있다. 미군이 이라크로 가지고 간 카이덱스 홀스터는 더위로
인하여 변형이 되어 버렸다고 한다.

손목시계는 군용으로는 적합하지 않다?

전투행동을 하면서 작은 동작으로 시간을 확인할 수 있는 「손목시계」는 군대에 적합한 아이템이다. 오늘날에는 다양한 최첨단 기술 기기가 내장되어서 군용시계로서의 지위를 확립하고 있으나, 처음 등장하였을 때는 자주 고장이 났기 때문에 병사들의 신뢰를 받지 못하였다.

● 군용시계에 요구되는 조건

시계는 사관이나 병사가 작전시각을 파악하는데 필요한 장비이다. 군용 시계에는 여러 가지 조건이 요구되지만, 그 중에서도 중요한 것이, 물, 분진, 심한 습기차이, 충격, 진동에 대한 「튼튼함(내구성)」이다.

예전에 시계는 귀중품으로 귀족들의 소지품이었지만, 시간이 지나면서 군대에서도 사용하게 되었다. 대포의 성능이 향상되어 원거리에서 대량의 포탄이 날아오게 되면서, 포격에 말려드는 것을 피하기 위하여 아군의 포격시작 시간을 알아야 할 필요성이 생겼기 때문이다. 미군에서는 남북전쟁 때부터 사용되었으나, 군용 장비로서 정식으로 지급된 것은 제1차 세계대전 때 부터이다.

이 시기의 시계는 회중시계(포켓워치)가 기본형으로, 시각을 확인하기 위하여 주머니에서 꺼내야만 했다. 이 후 밴드를 이용한 손목시계(리스트워치)가 등장하지만, 무리하게 소형으로 만들었기 때문에 기계적인 신뢰성이 낮았다. 이 때문에 회중시계를 팔다리에 묶을 수 있는 키트도 존재하였다.

군용시계에 요구되는 또 한가지 요소로, 부대전체가 통일된 시간을 공유하는데 필요한 「정밀도」라는 것 역시 중요한 것이지만, 정밀도에 있어서는 "초 단위로 진행되는 작전은 처음부터 세우지 않는다"라는 것을 전제로 작전의 내용이나 조건을 고려하기에(어느 정도)융통성을 가지고 다루어지는 측면도 없지 않아 있었다.

내구성과 정밀도를 양립시키는 것은 시계라는 아이템에 요구되는 필요조건이기도 하고, 군용이라 하더라도 이러한 필요조건은 중요한 의미를 가지고 있다. 정작 시계가 필요할 때 멈춰서 있거나, 시간이 맞지 않는다면, 목숨이 위태로울 수도 있기 때문이다.

이 때문에 「군용」이라는 이름을 달고 나온 시계는, 시중에서 판매되고 있는 것과 구조나 기능은 같지만, 정밀도나 내구성에 있어서는 밀 스펙을 기준으로 한 높은 사양으로 설정이 되어있다.

군용시계

군대에서는 병사가 각자 시간을 확인해야 할 필요성이 생겼다.

제1차 세계대전 때에는
제식 장비로 지급되기 시작하였다.

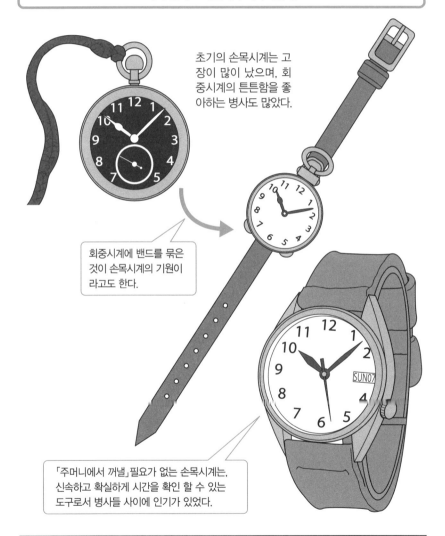

초기의 손목시계는 고장이 많이 났으며, 회중시계의 튼튼함을 좋아하는 병사도 많았다.

회중시계에 밴드를 묶은 것이 손목시계의 기원이라고도 한다.

「주머니에서 꺼낼」필요가 없는 손목시계는,
신속하고 확실하게 시간을 확인 할 수 있는
도구로서 병사들 사이에 인기가 있었다.

원포인트 잡학상식

문자판에 칠해지는 야광도료에는 미량이긴 하지만, 방사성 물질이 포함되어 있다. 1개나 2개 정도로는 문제가 되지 않지만,
대량으로 축적되는 경우에는 주의가 필요하였다(90년대말 부터 대체 물질로 전환을 하고 있다).

군용 손전등은 일반 제품과 다르다?

현재 군대에서는 일반적으로 야간행동을 하고 있으나, 어두운 곳에서도 시야를 확보할 수 있는 「암시장비」는 비싼 장비이기 때문에 지급을 못하거나, 모든 인원이 착용하지 못하기도 한다. 이러한 경우에는 이른바 「손전등」이 활약을 한다.

● 밝기도 밝으며 빛을 멀리까지 비춘다

군대에서 손전등은 주변이나 발 밑을 비추는 것과 같은 일반적인 사용방법뿐만 아니라, 아군에게 신호를 보낼 때도 사용을 한다. 어떤 경우에도 가능한 짧게 점등하는 것이 기본으로, 더 이상 필요하지 않으면 재빨리 꺼야 한다.

군용 라이트는 일반 가정에서 사용하는 손전등의 밝기와는 비교 할 수 없을 정도로 밝은데, 이는 전지(배터리)의 출력이나 전구의 성능이 다르기 때문이다. 일반적인 건전지 한 개의 전압은 국가규격으로 1.5볼트(공칭전압)로 정해져 있어서, 가정용 손전등은 이러한 건전지를 2개 정도 밖에 사용하지 않는다. 그러나 군이나 경찰에서 사용되는 「플래시 라이트」라 불리는 모델은, 전지를 4개나 8개까지 이용하는 것도 있다.

여러 개의 전지를 직렬로 연결하면, 그만큼 전압이 올라간다. 전압이 올라가면 조명의 밝기가 높아진다는 이론으로, 이러한 모델은 멀리 있는 사물까지 확실하게 비출 수 있다. 전지의 파워는 크기와는 무관한 것이기 때문에(크기의 차이가 영향을 주는 것은 「전지의 내구력」), 소형 건전지를 이용하면 전지를 많이 사용하는 모델이라도 사이즈가 심각하게 커지는 일은 없다. 단지 소형 건전지는 내구력이 약하기 때문에, 예비 건전지를 많이 준비해야 할 필요가 있다.

전구 역시 일반적인 꼬마전구가 아닌, 효율이 높으면서 수명이 긴 「크립톤전구」와 같은 특별한 것을 사용한다. 지금은 소비전력이 더욱 적은 「LED」를 사용하는 모델도 등장하여, 전구의 성능이 계속 향상되고 있다.

라이트는 어두운 곳에서 전투나 탐색을 할 때 반드시 필요한 장비이다. 어두운 곳에서 라이트를 켜면 적에게 발견되기 쉽다는 단점도 있으나, 발견되기 전에 적에게 라이트를 비추면 "순간적으로 적의 시력을 뺏어서 반격을 늦출 수"도 있다. 적의 인원이 적고 아군의 인원이 많은 경우라면 라이트를 키는 것에도 의미가 있으며, 총 끝부분에 라이트를 장착하여 실내전투를 수행하기도 한다.

군대에서 사용하는 손전등

제2차 세계대전 ~ 베트남전쟁에서 사용하였던 모델. 손에 쥐고 사용하는 것 이외에도 가슴 부분에 달고 발 밑을 비추기도 하였다.

적색이나 녹색의 컬러필터를 장착할 수 있어서, 점멸을 반복하는 것으로 신호를 보낸다.

**여기 까지는 시중에서 판매하는
손전등과 큰 차이가 없으나……**

● 맥라이트

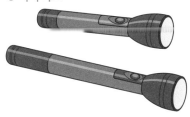

● 슈어파이어

**이러한 라이트는
밝기나 조사거리가 차원이 다르다.**

강력한 라이트는 발광체에 부담도 많이 가기 때문에 수명이 짧다. LED전구는 발열은 적으나, 발광체를 교환 할 수 없는 모델도 있기 때문에 주의를 해야한다.

위치확인에는 "빛을 점멸시키는 것"이 가장 효과적이다?

등산에서 사용하는 장비 중 자신의 위치를 표시하는 발신기(비콘)의 일종인 「스트로브 라이트」라는 것이 있다. 등산용 비콘은 전파를 사용하는 것이 많지만, 스트로브 라이트는 말 그대로, 빛을 사용하여 자신의 위치를 알리는 것이다.

● 빛으로 자신의 위치를 알린다

스트로브 라이트란 전투기의 파일럿에게 지급되는 발신기(비콘)의 일종이다. 격추되어 탈출했을 때 사용하여, 고공에서 탐색을 하는 구조이기에 자신의 위치를 알리기 위하여 사용한다.

격추된 것이 적의 세력권 안일 경우도 얼마든지 있는 일인데, 이러한 경우에는 눈에 띄는 스트로브를 작동시킬 수는 없다. 스트로브의 빛은 강력하여, 맑은 날에도 상당히 먼 거리까지 도달한다. 구조를 기다리는 입장에서는 매우 든든하지만, 적에게 먼저 발견된다면 의미가 없다.

이러한 위험은, 스트로브의 발광부분에 색이 들어간 필터를 장착하는 것으로 어느 정도 회피 할 수 있다. 필터에 따라 빛의 양이 줄지만, 동시에 빛이 닿는 범위를 예상하기가 쉬워진다. 원통 모양의 덮개와 같은 부품을 장착하는 것으로 빛의 확산을 제한시켜서, 의도하지 않은 방향으로 확산하지 않도록 만들 수도 있다.

필터 중에는 빛을 적외선으로 바꿔주는 것도 존재한다. 이것은 「적외선(IR) 필터」라고 불리는 것으로, 발광부분에 덮어두면 빛을 눈에 보이지 않는 적외선으로 바꿀 수 있는 것이다. 적외선을 보기 위해서는 적외선 고글이 필요하기 때문에, 고글을 착용하지 않은 적에게 발견될 위험성이 적어진다.

IR필터를 장착한 스트로브 라이트를 구조 비콘으로만 사용하는 것은 아니다. 미해군의 특수부대에서는 IR필터를 씌운 스트로브 라이트를, 아군 오인사격방지를 위한 마커로서 사용하고 있다.

헬멧이나 전투복에 장착된 마커가 적외선을 방출하지만, 이것을 인식할 수 있는 것은 적외선 고글을 착용한 아군 밖에 없다. 마커에서 나오는 빛은 일정 간격으로 점멸하여, 점멸 사이클로 부대나 개인을 식별할 수 있는 것이다. 빛의 점멸 정도로 개인을 완벽하게 식별하는 것은 무리가 있기 때문에, 기본적으로 「저기있는 빛 주위 5m는 아군이다」정도의 인식 방법으로 사용된다.

플래시 빛으로 아군을 유도한다

구조 아이템으로 등산장비나
해난구조에서도 사용된다.

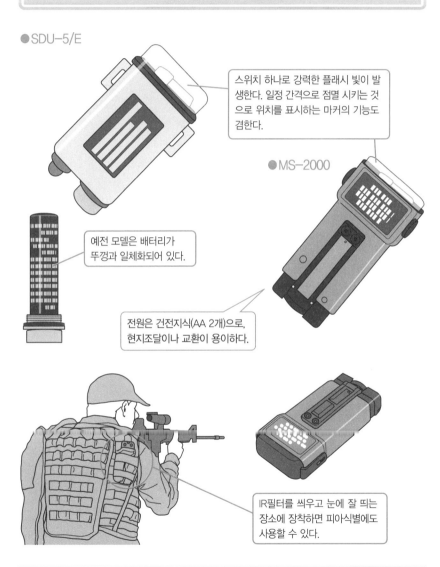

● SDU-5/E

스위치 하나로 강력한 플래시 빛이 발생한다. 일정 간격으로 점멸 시키는 것으로 위치를 표시하는 마커의 기능도 겸한다.

● MS-2000

예전 모델은 배터리가 뚜껑과 일체화되어 있다.

전원은 건전지식(AA 2개)으로, 현지조달이나 교환이 용이하다.

IR필터를 씌우고 눈에 잘 띄는 장소에 장착하면 피아식별에도 사용할 수 있다.

원포인트 잡학상식

스트로브 라이트는 잉여군수품으로도 유통되고 있으나, 구형 모델은 일체화 배터리를 조달하는 데 어려움이 있었다. 매장에서는 뚜껑 부분만 새로 만들어, 카메라용 전지를 사용할 수 있게 만든 상품을 발매하였다.

현대전에서도 총검은 표준장비이다?

총검이라 하면 라이플의 끝 부분에 장착하고 적에게 돌격하는 「총검돌격」이 떠오른다. 최첨단 병기가 그 존재 감을 자랑하는 현대전에서 이런 전근대적인 전법이 통할 것이라고는 생각되지 않지만, 지금도 총검이라는 장비 는 현역으로 사용되는 것일까?

● 표준장비이기는 하지만, 용도는……

총검은 「바요넷」이라고도 불리며, 군용 라이플의 기본적인 옵션이기도 하다. 일반적으 로는 칼집에 넣어서 허리춤에 매달고, 적진으로 돌격할 때 라이플의 끝 부분에 장착(착검) 한다.

제2차 세계대전 무렵에는, 뾰족한 송곳과 같은 형태인 「스파이크 형」과 나이프와 같은 형태의 「도검형」의 2종류가 있었고, 길이는 대략 20~30cm, 라이플 끝 부분에 장착하여 창처럼 사용했다.

당시의 총검은 라이플 탄이 떨어진 경우에 사용하는 "최후의 무기"라는 위치에 있었다. 그러나 총검이란 전선의 병사가 예비 무기(사이드 암)로 권총을 휴대하지 않았던 시대의 무 기로서, 현재는 전투용으로서 적극적으로 사용되는 일은 거의 없다.

그럼에도 불구하고, 총검은 오늘날에 이르기까지 "병사의 기본적인 장비"로서 취급되고 있다. 이것은 새롭게 「컴뱃 나이프」의 역할이 주어졌기 때문에, 나이프 전투 이외의 각종 잡일에도 사용된다. 때문에 "찌르는"용도로 밖에 사용할 수 없는 스파이크 형 총검이 새로 채용되는 경우는 없고, 짧은 단검형이 기본이 되었다.

이러한 모델은 날에 톱날이나 줄이 달려있거나, 그립 안쪽이 비어 있어서 식량조달용 낚 시줄이나 의약품을 넣기도 한다. 미군의 『M9총검』이 대표적인 것으로, 카무플라주를 위한 나뭇가지를 조달하거나, 칼집과 같이 사용하여서 철사를 절단 할 수도 있다.

총검의 길이뿐만 아니라, 지금의 어설트 라이플은 「불펍식」으로 대표되듯이 길이가 짧 아지는 경향이다. 창으로 사용하기에는 길이가 짧지만, 보초나 식전에서의 행진 등, 예식 용으로는 아직 사용하기 때문에, 총검이 완전하게 사라지는 것은 좀 더 시간이 지난 다음 의 일이라고 여겨진다.

총검의 사용법

> 총검이란 장비는 지금도 현역이지만, 아무리 현역이라 하더라도 총검으로
> 적진에 돌격하는 일은 없다.

예전의 총검

「총검돌격」으로 대표되는 "거의 전투전용" 장비이다.
날은 길고, 스파이크처럼 생긴 것도 있었다.

● 제1차 ~ 제2차 세계대전 때까지 총검

라이플과 합체하여 「창」과
같이 찌르거나 휘두른다.

지금의 총검

나이프 전투뿐만 아니라 각종 잡일에 사용한다.
사용하기 쉽도록 짧은 나이프 형태가 많다.

총에는 장착할 수 는 있지만,
기본적으로는 총검만을 사용
한다.

● 1990년대 이후의 총검

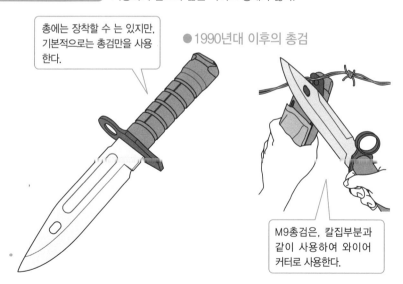

M9총검은, 칼집부분과
같이 사용하여 와이어
커터로 사용한다.

원포인트 잡학상식

미군이 사용하는 「M9총검」이나 자위대의 「89식총검」은, 날밑에 새겨진 홈과 칼날의 뿌리부분을 사용하여 오프너로 사용할 수
있다.

병사들은 람보에서 나오는 나이프를 소지하고 있다?

픽션의 세계에서는 「군인의 예비 무기는 총검」이나, 「최후의 무기는 컴뱃 나이프」로 정해져 있다. 그러나 권총을 모든 병사들이 장비하고 있지 않은 것과 마찬가지로, 컴뱃 나이프 역시 표준장비는 아니었다.

● 톱니 날 나이프는 지급품이 아니다?

영화 『람보』 시리즈에서는, 주역인 실베스터 스탤론이 연기하는 존 람보가 "톱니 날 컴뱃나이프"를 가지고 대활약을 한다.

이러한 디자인의 나이프는 일반적으로 「전투(컴뱃)나이프」, 「군용(아미)나이프」라고 불리는 일이 많다. 람보가 베트남 귀환병이라는 설정에서, 병사들이 모두 이러한 나이프를 장비하였다는 인식이 퍼졌다.

그러나 이런 디자인의 나이프가 일반병사들에게 지급된 경우는 그렇게 많지 않다. 공수부대나 코만도부대, 해병대와 같이 임무상 "적과의 근접전"이 예상되는 경우가 아니라면, 병사들에게 주어지는 격투전용 무기는 「총검」으로 정해져 있기 때문이다.

그러나 총검은 원래 「창의 날」이 진화되어 만들어진 것으로, 간격이 좁은 나이프 전투에 사용하기에는 그 형태도 크기도 적합하지 않았다. 좁은 참호 안이나 정글에서의 전투는 순간적으로 적과 만나는 일이 많아서, 대부분의 경우 라이플은 도움이 되지 않았다.

권총으로 대응하는 것도 불가능 한 것은 아니었지만, 빼서 바로 사용할 수 있는 나이프는 근접전에서 든든한 무기였다. 결국 "나이프 전에 적합한"디자인으로 제작된 전용품은 지급되는 총검과는 비교할 수 없을 정도로 사용하기 쉬웠고 잘 들었기 때문에, 최근에 와서야 등장한 컴뱃 나이프 타입의 총검이 등장할 때까지, 병사들은 자비를 들여서 이러한 나이프를 구입하였다.

지역에 따라서도 많은 차이가 있으나, 미국에서는 나이프를 사용하는 것이 일상적인 것으로, 어느 정도 나이를 먹으면 「자전거를 타는 것」과 마찬가지로 나이프 사용법을 배우게 된다. 각각의 병사들이 어릴 때부터 좋아하였던 것이 있을 수 있으니, 군대에 개인 물품으로 들여오려는 나이프 중에 「람보도 보고 질릴 정도」의 화려한 나이프를 고르려는 병사가 절대로 없다고 말할 수는 없지만, 이러한 나이프를 가지고 오기 위해서는 동료나 상관(특히 후자)을 납득시키기 위한 "충분한 이유"가 필요하다.

「전투용」이라기 보다는 생활용 도구

> 특수부대 대원이 아닌 이상, 나이프로
> 「컴뱃」을 할 기회는 거의 찾아오지 않는다.

「람보 나이프」

I   II   III

스텔론이 휘둘렀던 나이프는 영화를 위하여 특별하게 디자인 된 것으로, 전장의 병사들이 모두 영화와 같은 나이프를 소지하고 있는 것은 아니다.

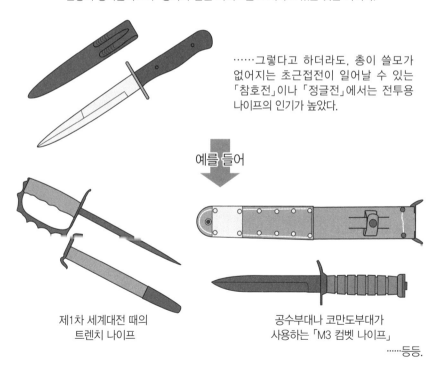

……그렇다고 하더라도, 총이 쓸모가 없어지는 초근접전이 일어날 수 있는 「참호전」이나 「정글전」에서는 전투용 나이프의 인기가 높았다.

예를 들어

제1차 세계대전 때의
트렌치 나이프

공수부대나 코만도부대가
사용하는 「M3 컴뱃 나이프」

……등등.

원포인트 잡학상식

일반병사용 장비로서는 나오는 일이 거의 없는 전투 나이프이지만, 해병대나 특수부대용으로는 많은 수의 나이프가 개발, 지급되어 있다.

군도를 어느 시대까지 사용했나?

군도(軍刀)란 군인이 허리에 차고 있는 도검류를 가리키는 말이다. 군대가 총포와 같은 원거리 무기로 싸우게 되면 서부터는 의식용 장비가 되어, 오늘날에는 외관을 중시한 디자인으로 만들어 지거나, 날이 없는 모형이기도 한다.

●「전투력」을 기대한 장비는 아니다

군도를 허리에 찰 수 있는 것은, 기본적으로 장교나 사관과 같은 높으신 분들이다(물론 기병이나 헌병과 같은 예외도 존재한다). 이것은 군도의 가격이 비싸서 그런 것이 아니라, 원래 도검류라는 것이 "근접전용 무기"라는 것이 연관이 있다.

군대의 병사들이 접근전을 해야만 하는 상황에 처했을 때는, 칼이 닿는 거리가 짧은 도검류 보다 거리가 긴 창—**총검** 쪽이 유리하다. 계급이 낮은(그리고 수가 가장 많은) 「이등병」이나 「일등병」과 같은 계급의 병사들 모두가 접근전 대응훈련을 충분하게 받는 것은 아니기 때문에, 이들에게 창 타입의 무기를 쥐어주는 것은 합당한 것이다.

이에 비하여 장교나 사관과 같이 계급이 높은 군인은 "무기를 휘두르며 육탄전의 최선봉에 서지 않는" 것을 전제로 하는 사람들이다. 그들이 군도를 뽑는 것은 오로지 아군의 사기를 고양시킬 때나, 적병에 대한 시위행위 정도이다. 검이란 무기는 옛날부터 "지배의 상징" 으로 여겨진 것도 있어서, 이러한 의미에서도 사관 = 군도 라는 공식은 잘 들어맞았다.

시간이 지나면서 총기의 성능이 발달하자 「마지막에는 총검돌격으로 결착!」과 같은 보병전투의 모습도 변하게 되어, 근접전용 무기는 사용되지 않았다.

그리고 제2차 세계대전이 시작될 무렵에는, 거의 대부분의 나라에서 군도를 사용하지 않게 되었다. 일본군에서는 이때까지도 군도를 사용하였으나, 계급이 높을수록 군도 역시 지급품이 아닌 개인 물품으로 취급되었기 때문에, 세세한 부분은 각자의 취미에 맞춘 다양한 사양의 군도가 제작 되었다.

오래된 일본도의 도신을 군도코시라에※(「코시라에」란 칼의 외장을 가리키는 말이다)에 넣어서 다시 만든 것도 있지만, 대부분의 도검은 대량생산에 적합한 공업도의 도신이었다고 한다.

군도

군도(도검)는 총검(창)보다 리치가 짧다.

> 군인 중에서 전선에 나갈 일이 많지 않은 사관급의 무기이다.

전투의 비중이 칼이나 창을 사용한
근접전투에서 총격전으로 바뀌었다.

모든 국가에서 제2차 세계대전이 시작될 무렵에는
사용하지 않게 되었다.

● 32년식군도

> 메이지 시대 일본의 군도. 이후 손잡이 부분을
> 일본도와 같은 형태로 개량한 「32년식군도개」
> 로 바뀐다.

● 95식군도

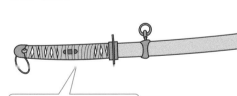

> 쇼와10년(1935년)에 제식화된
> 군도. 실전에 적합한 디자인으
> 로 하사관용으로 개발되었다.

※현재의 군도 위치는, 모든 나라에서 완전히
「예식전용」장비이다.

원포인트 잡학상식

도신을 교환 할 수 없는 전장에서는 「철도의 레일」이나 「트럭의 판스프링」을 그라인더로 갈아서 도신 대용으로 한 예도 있으나,
이러한 경우에는 품질이 매우 조악하였다.

백병전에서는 야전삽을 휘둘러라?

야전삽은 「INTERENCHING TOOL(E툴)」이라 불리는 장비 중 하나이다. 원래는 토목작업용 도구로서, 차량에 탑재되는 대형 삽과, 병사들 개인이 휴대하는 소형 접이식 야전삽이 있다.

● 야전삽의 사용방법

삽은 원래, 구멍을 파거나 흙을 퍼내는 토목작업용 도구이다. 엄체나 참호(병사들이 몸을 숨기기 위한 구멍이나 구덩이)를 만드는데 사용하거나, 야영을 할 때 **텐트** 주변에 물고랑을 낼 때 사용한다.

크기가 큰 삽은, **트럭**의 화물칸이나 **지프**의 옆면에 장착되어 있어서, 야영을 할 때 사용된다. 병사 개인의 장비로서도 삽은 장비되어 있어서, 제2차 세계대전 때에는 등이나 짐에 소형 야전삽을 매달았지만, 지금은 접이식으로 허리에 장착하는 것이 일반적이다.

사용할 수 있는 것은 무엇이든 사용하는 전장의 병사들에게 있어서, 야전삽은 **총검** 같은 것 보다 더욱 든든한 백병전용 무기였다. 삽 가장자리를 그라인더(회전 끌)로 예리하게 갈아내서, 도끼와 같이 휘둘렀다. 연발식 총의 보급률이 낮았던 제2차 세계대전 이전의 전장에서는, 아직 병사들의 교전거리도 짧았기 때문이다.

야전삽은 총검보다 무겁고, 길고, 튼튼하며, 중심이 한쪽으로 쏠려 있기 때문에, 휘둘렀을 때 속도가 붙는다. 참호전과 같이 급작스럽게 적을 만나는 일이 많거나, 다음 탄을 발사하는데 시간이 많이 걸리는 볼트액션 라이플이 주력병기였던 시대에는, 격투전용 무기로서 충분한 위력을 가지고 있었다.

특히 나이프 전투와 같이 양자가 지근거리에서 싸우는 경우, 충분한 훈련과 센스가 요구된다. 전선의 모든 병사들이 이러한 것을 갖추고 있을 리 없으며, 전쟁이 길어져서 징병된 병사들이 대부분을 차지하게 되면 갖추지 못한 병사들의 비율은 더더욱 늘어난다.

이러한 경우, 리치가 길고 휘두르는 것만으로 어느 정도의 위력을 발휘하는 대용도끼 = 야전삽은 든든한 무기가 된다. 인간은 흥분을 하면 「노리고 찌르는」행위보다, 무언가를 「휘두르는」것이 쉽다는 것도 야전삽이 쓸만한 무기가 되는 이유 중의 하나일 것이다.

삽과 야전삽

● 구멍을 파거나 흙을 퍼낼 때 사용하는 일반적인 삽

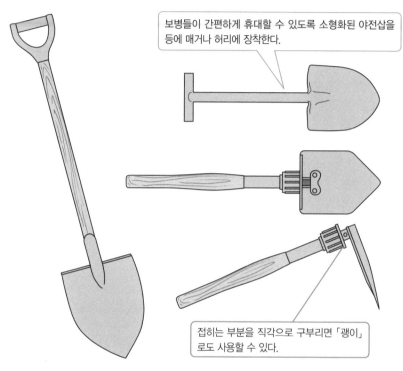

보병들이 간편하게 휴대할 수 있도록 소형화된 야전삽을 등에 매거나 허리에 장착한다.

접히는 부분을 직각으로 구부리면 「괭이」 로도 사용할 수 있다.

현대의 야전삽은 꽤나 컴팩트하게 접을 수 있다.

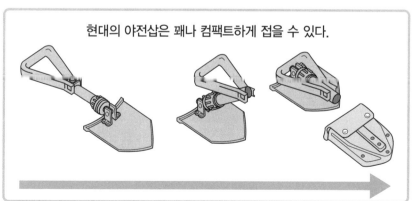

원포인트 잡학상식

소비에트 연방을 구성하고 있는 국가에서는, 특수부대의 대원들에게 야전삽을 사용한 격투술을 지도하였던 곳도 있었다 한다.

방독면은 어떤 가스라도 막을 수 있다?

방독면만 있으면 「독가스 공격에 대하여 무적」인 것은 아니다. 방독면 만으로 막을 수 있는 가스의 종류에도 한계가 있고, 대부분의 경우 「화학방호복」과 같이 사용한다.

● 피부에 스며드는 가스는 막을 수 없다.

인간은 숨을 멈춘 상태에서는 장시간 활동을 할 수 없다. 독가스나 최루가스로 공격을 당했을 경우, 어떻게 해서든 호흡 수단을 확보해야만 한다. 수중활동에서 사용되는 것과 같은 산소봄베를 휴대할 수 있다면 문제가 없지만, 무겁고 부피가 크기 때문에 현실적이라 할 수 없다.

그래서 등장한 것이 방독면이다. 가스마스크라고도 부르는 이 장비는, 탄광부나 소방관들이 사용하는 민간용품을 개량한 것이었다. 가스 공격의 기원은 기원전으로 거슬러 올라가지만, 방독면이 가스 공격에 대응하여 방어수단으로서 조직적으로 사용되어, 지급되기 시작한 것은 제1차 세계대전 때 라고 한다.

일반적인 방독면은, 착용자의 얼굴을 덮는 「안면상부」와, 밸브나 필터를 내장하고 있는 「정화통」으로 구성되어 있다. 안면상부가 얼굴에 밀착하여 눈이나 코의 점막을 지켜주고, 정화통을 통해서 공기를 흡입하는 것으로 자극성, 유독성 가스로부터 눈이나 호흡기관을 지키게 되어있다.

그러나 방독면을 착용하여 보호할 수 있는 것은, 호흡기를 통하여 체내에 들어오는 「질식성 독가스(질식작용제)」나, 눈, 코, 입의 점막으로 흡수되는 「구토성 독가스(구토작용제)」와 같은 것이다. 예를 들어 피부에 부착해서 피부를 문드러지게 만드는 「미란성 독가스(수포작용제)」와 같은 것에 대해서는, 가스마스크를 착용하여도 막을 수 없다.

머스터드가스로 대표되는 이러한 종류의 가스로부터 몸을 보호하기 위해서는, 우비와 같은 「화학 방호복」을 착용해야 한다. NBC방호복이라고도 부르는 이 장비는, 성능이 좋은 것은 방사선이나 생물, 화학병기(NBC병기)를 차단할 수 있다.

가스가 없어지기 전 까지는 방독면도 방호복도 벗을 수 없기 때문에, 일부 방독면에는 물을 마시기 위한 워터 튜브나, 인공호흡용 에어 튜브 등이 장비된 것도 있다.

방독면을 착용하더라도 과신은 금물이다

방독면만 착용하면
어떤 가스도 막아낼 수 있는가?

호흡기에 영향을 주는 가스
(질식작용제/구토작용제)

피부를 문드러지게 만드는 가스
(수포작용제)

신경을 파괴하는 가스(신경작용제)

여러 종류의 가스가 존재하여,
이러한 가스의 영향을 막아내는 방법도 다르다.

방독면은 만능이 아니다.

들이 마시는 것으로 목이나 폐에 데미지를 주거나, 신경을 파괴하는 가스에는 방독면이 유효하다.

밸브나 필터를 내장하고 있는 정화통

착용자의 얼굴을 덮는 안면상부

화학반응으로 인하여 피부가 문드러지는 가스에는 NBC방호복을 착용한다.

원포인트 잡학상식

NBC방호복은 고가의 장비로 어느 정도의 지식과 훈련을 필요로 하기 때문에, 전선의 병사들에게는 우비 등을 독가스 대책으로 사용하게 하는 경우도 있다.

신속하게 방독면을 착용하는 요령은?

방독면은 공포의 독가스로부터 착용자를 보호해 주지만, 시야가 좁아지거나 숨을 쉬기 괴로워지는 등의 불편한 점도 있다. 그래서 평소에는 주머니에 넣고 휴대를 하다가, 가스가 탐지되면 재빠르게 착용하는 것이다.

● 재빨리 착용, 안심, 안전

드라마나 게임에서 등장하는 특수부대의 대원들은, 암시장비나 통신기를 내장한 흉악한 디자인의 방독면을 착용한 채로 오랜 기간 동안 돌아다니기도 한다. 이것은 작품 안에서 "그런 훈련을 받았기 때문에 가능한 것"으로 되어있기 때문으로, 일반적인 병사들에게 24시간 방독면을 쓴 채로 활동하게 만드는 것은 피해야 한다.

천으로 된 마스크 조차 익숙하지 않으면 숨쉬기가 불편하다. 훈련을 쌓지 않은 병사에게 방독면을 계속 쓰게 만들면, 밀착되어야만 하는 얼굴과 방독면 사이에 멋대로 틈이 생겨서, 중요할 때에 방독면이 그 기능을 발휘하지 못하게 된다. 이렇게 될 바에는, 가스가 퍼질 때만 착용을 하는 편이 좋다. 계속 마스크를 쓰고 있으면 방심을 하게 되지만, 방독면을 쓰지 않았는데 눈앞에서 가스가 퍼지면 「가스가 온다. 빨리 방독면을 쓰지 않으면 죽는다!」라고 병사들도 필사적으로 방독면을 착용하기 때문이다.

가스를 탐지하면 재빠르게 마스크를 꺼내서 안면상부를 얼굴에 대고, 머리고정 밴드를 잡아당겨서 고정한다. 다음으로 배기 밸브를 손으로 감싸고, 풍선을 부는 요령으로 숨을 내쉰다. 이 것으로 방독면 안에 혹시 있을지 모르는 가스 성분이, 마스크의 틈에서 밖으로 빠져나가게 된다.

곧바로 이번에는 흡기 밸브를 손으로 막고, 있는 힘껏 숨을 들이쉰다. 그러면 바깥과의 기압 차로 마스크 가장자리가 머리에 밀착된다. 이때 방독면과 머리 사이에 머리카락이 끼어 있으면, 몇 번을 반복하여도 공기가 새기 때문에 신경을 써야 한다.

흡기 밸브는 가스의 유독성분을 걸러주는 필터와 일체화 되어있는 것이 많다. 이 부분을 「정화통」이라 부르며, 호스로 방독면과 연결되어 있는 경우도 있으나, 현재에는 대부분 일체화 되어있다.

가스마스크의 착용방법과 그 구조

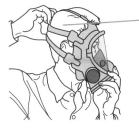

①뒤집어 쓰고

안면상부와 얼굴 사이에 머리카락이 끼지 않도록 주의하자. 작은 틈이라도 가스가 안쪽으로 침입한다.

②뱉어내고

배기 밸브를 손으로 감싸고 숨을 뱉는다.

③들이쉬고

흡기밸브를 손으로 막고 숨을 들이쉰다.

④안심

얼굴과 방독면 사이에 틈이 없는 것을 무사히 확인!

● 방독면의 구조

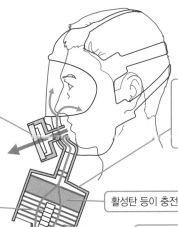

숨을 뱉을 때에는 배기 밸브에서 나온다(흡입 밸브는 열리지 않는다).

흡입하는 힘으로 흡입 밸브가 열려서 오염된 바깥 공기가 흡입된다(배출 밸브는 닫혀져 있다).

각종필더와 밸브를 일체화 시킨 「정화통」. 화학제나 병원미생물의 통과를 막아준다.

활성탄 등이 충전되어 있는 미입자 필터

몇 겹으로 포개져 있는 섬유 필터

원포인트 잡학상식

방독면 착용시의 호흡에는 훈련으로 익숙해지는 것이 필요하다. 특히 부드럽게 호흡을 계속 하는 것은 어렵다. 침착하게, 깊이 천천히 호흡을 해야 한다.

애니멀 솔져는 군사상 위협적인 존재인가?

동물을 길들여서 군사적으로 이용하려는 시도는, 근대 군대가 성립되기 이전부터 이루어졌다. 말이나 소, 낙타나 당나귀와 같은 많은 동물이 행군시의 인원, 물자를 운반하는 수단으로 사용되어, 그 중에서도 말이나 낙타나 코끼리 등은 병사를 등에 태우고 적극적으로 전투에 참가할 수 있도록 조련되었다.

동물을 타고 싸우는 병사는 「기병」이라 불리며, 어느 군대에서도 엘리트 직업이었다. 기병은 전술의 핵심으로 운용되었으나, 그것도 오로지 기동력이 뛰어났기 때문이다. 인간의 몇 배~몇 십배의 속도로 이동할 수 있는 동물의 매력은, 엔진이 달린 탈것이 보급되기 전까지 그 속도 만으로 군사작전상의 위협적인 존재가 되었다.

동물의 신체능력은 많은 부분에서 인간을 뛰어 넘는다. 그렇다면 동물 자체를 "강하며 강인한 병사"로 완성시킬 수는 없는지를 생각하는 것이 당연하다고 할 수 있겠다. 날카로운 이빨과 긴 발톱, 뽀족한 부리 등, 동물들은 태어나면서부터 강력한 무기를 갖추고 있다. 이러한 무기를 효과적으로 사용하여, 적군의 병사만을 공격하도록 훈련시키면, 반드시 훌륭한 전력이 될 것이다.

여기서 뽑힌 것이 「개」다. 그들은 머리가 좋고 명령에 순종한다. 검이나 활로 싸우던 시대에는 "목걸이에 칼날을 달고, 집단으로 적에게 돌진시킨다"와 같은 일을 수행 했다는 훌륭한 실적도 있다. 그러나 로마시대라면 통할지 모르겠지만, 근대 군대의 병사를 상대로 하기에는 너무나도 불리했다. 「깊은 산속의 식인곰 마저도 쓰러트리는」이라고 표현되는 개들의 이빨도, 총을 앞에 두고서는 간격이 너무 멀기 때문이다.

개가 안된다면 다른 동물도 결과는 마찬가지일 것이다. 결국 동물의 군사투입은 전투용도를 고집하지 않고, 다른 특징을 이용하는 방향으로 진행되었다. 예를 들면 같은 「개」를 사용하는 경우에도, 발톱이나 이빨이 아닌 후각이나 청력을 이용하는 방법을 선택하였다. 기지에서 경계를 세워 수상한 인물을 발견하거나, 스파이나 도망자를 추적하는 것이다. 독가스를 조기에 발견하는데 작은 새를 사용한다거나, 배의 식량고에 고양이를 길러서 쥐를 사냥하게 만드는 것도 이와 같은 것 이다.

평화의 상징인 비둘기는 날카로운 발톱도 부리도 가지고 있지 않지만, 비둘기의 귀소본능을 이용하여 멀리 떨어져있는 곳과의 통신수단으로 사용되었다. 이른바 「전서구」라는 것으로, 다리에 컨테이너(통신통)을 매달고 통신문을 옮기거나, 전용의 조끼를 입혀서 작은 물건을 운반시키기도 하였지만, 카메라를 달아서 항공정찰을 시키기도 하였다. 비둘기는 전령견보다 작고, 하늘을 날기 때문에 적에게 잘 발견되지도 않았다. 제1차 세계대전에서는 적의 전서구를 떨어트리기 위한 산탄총이 필수였으며, 독일군에서는 "요격"을 위하여 매를 준비하였다.

이러한 임무도 결국 기계가 대행할 수 있게 되어, 동물들은 군대에서 사라졌다. 특히 오늘날에는 「국민감정」이나 「동물애호단체」와 같은 무시무시한 것이 존재하기 때문에, 군사목적으로 동물을 사용한다 하더라도 그 사실을 공공연하게 밝히게 되면 평판이 나빠진다. 홍보나 위안 목적인 마스코트 이외에는 동물들이 군대에서 할 일은 없어 보인다.

제 4 장
부대장비 및 기타

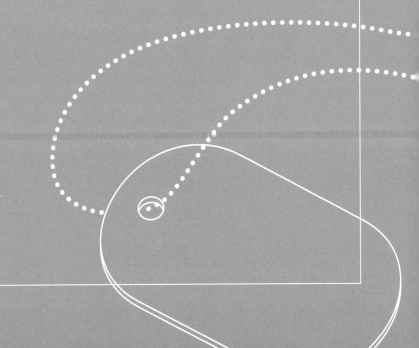

레이션은 무엇인가?

레이션이란 군대의 야전식으로 「전투식량」, 「휴대식량」 이라고도 부른다. 통조림으로 되어있거나, 프리즈드라이로 건조 압축되어 있기 때문에, 그대로 먹거나 뜨거운 물을 부어서 원래 상태로 돌려서 영양을 보충한다.

● 고칼로리 비상식

　제1차 세계대전 때까지, 식량은 부대 별로 현지에서 조달하거나, 재료를 지참해서 조리를 하기도 했다. 그러나 제2차 세계대전이 시작되자 자동차나 철도수송으로 인하여 부대의 이동 속도가 빨라져서, 보급부대가 따라갈 수 없었다.

　게다가 항공기 정찰로 인하여 취사를 하면서 생기는 연기로 인하여 쉽사리 발각되거나, 적이 남은 물자를 사용하지 못하도록 철수하면서 물자를 하나도 남기지 않는 「초토화 전술」 등의 출현으로, 식량의 현지조달은 더욱 어려워 졌다.

　병사들은, 자신들이 식량을 운반해야만 했다. 병사들이 지참하는 휴대식량은, 취사나 조리를 할 필요가 없이 바로 먹을 수 있는 "비상식" 으로서 병사 개인에게 지급한 것에서, (넓은 의미로)지급품을 의미하는 「레이션」이라 불리게 되었다.

　레이션은 휴대하는 것을 전제로 하고 있다. 휴대를 하기 위해서 규격화된 크기로 포장되어, 장기간 보관이 가능하며, 가볍고 작아야만 한다.

　초기의 레이션은 병조림이나 통조림이었지만, 이것들은 포장 사이즈의 규격화에는 성공하였으나, 무겁다는 문제점이 있었다. 병조림은 "깨지기 쉽다"는 치명적인 약점이 있었고, 통조림의 경우에는 캔따개가 없으면 먹을 수 없었다. 이 후 식품을 팩에 넣은 「레토르트 팩」이 등장하지만, 이러한 식품은 통조림 보다 내구성이 약하였다.

　현재의 레이션은, 필요에 따라서 캔과 레토르트 팩을 같이 사용하고 있다. 여기에 최근에는 「프리즈드라이 제조법」을 사용한 레이션이 일반화되었다. 프리즈드라이란 식품을 냉동, 탈수하는 것으로 크기를 압축하는 기술이다. 이 기술을 사용하여 레이션을 작고 가볍게 만드는 것과 함께, 보존성까지 향상시켰다.

레이션 = 휴대식량?

> ### 레이션이란 「군대용 비상식」이다.

개별로 포장되어, 병사 개인이나 부대에게 지급하였다.

> ### 취사, 조리를 할 필요가 없고, 바로 먹을 수 있는 것이 장점이다.

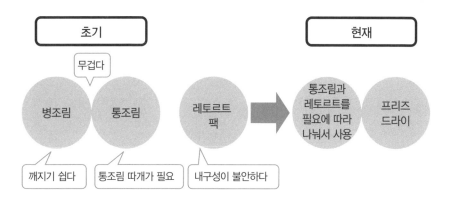

| 초기 | 현재 |

무겁다

병조림 | 통조림 | 레토르트 팩 → 통조림과 레토르트를 필요에 따라 나눠서 사용 | 프리즈 드라이

깨지기 쉽다 | 통조림 따개가 필요 | 내구성이 불안하다

프리즈드라이
- 규격화된 포장을 하여 장소를 많이 차지하지 않아야 한다.
- 가볍고 운반하기 쉬워야 한다.
- 내용물이 손상되거나 부패하지 않아야 한다.
- 효율적으로 에너지를 보급할 수 있으며, 질리지 않아야 한다.
- 먹고 나서 발생되는 쓰레기가 적어야 한다.
……등등

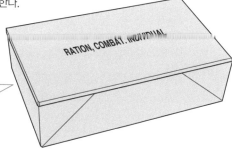

미군의 레이션 「RCI(Ration Combat Individual)」. 3끼 분량이 하나의 상자에 포장되어 있다.

원포인트 잡학상식

「레이션」이란 단어에는 지급품, 배급품 이라는 의미가 있어서 식료품에 한정되지 않는다. 예전에는 술이나 담배, 양초나 비누와 같은 소모품도 레이션이었다.

C레이션의「C」는 어떤 의미인가?

C레이션은 제2차 세계대전 중에「개인이 휴대 가능한 전투용 식량」으로 개발된 것이다. 레이션 = 야전식이라는 인상이 강하여서, C레이션의「C」를「Combat의 이니셜」이라고 생각하는 경우가 많다.

●「C」는 구분기호

C레이션의「C」를 "컴뱃"으로 읽는 것은 그렇게 잘못된 것도 틀린 것도 아니다. 레이션 이라는 말을「식량」으로 표현하는 경우도 있기 때문에, 넓은 의미로 이용되는 전투용 식 량(컴뱃 레이션)이라는 말을 가리키는 것이라면 아무 문제도 없다.

그러나 어느 특정 기간에 지급된 미군의 레이션 중에, 고유명사로서「C레이션」이라는 이름이 붙어 있는 것이 있어서, 이것을 지칭하는 경우에는 이야기가 조금 다르다.「Field Ration C」라 는 제식명을 가지고 있는 C레이션은, 같은 시기에「A레이션」,「B레이션」,「D레이션」등의 타입 이 만들어져서, 상황에 따라 다른 레이션이 지급되었다. 즉 이 경우의「C」는, A, B, C……와 같 은 일련 번호로서의 C이지 "전투(컴뱃)"와는 관계가 없다.

C레이션은 6개의 통조림이 하나의 세트로 되어있다. 그 중에 3개에는 햄버거와 같은 고 기요리가 들어있고, 나머지 3개에는 빵이나 커피, 캔디가 섞여서 들어있다. 캔의 용량은 약340g(12온스)으로, 온식을 배급할 수 없을 때 나눠주었다.

온식(溫食)이란 문자 그대로 "따뜻한 식사"로서, A레이션이 이에 해당된다. A레이션은 기지와 같은 항구적 시설(garrison)에서 조리하는 것에서「갤리슨 레이션」이라고 부르기 도 한다. 또한 같은 따뜻한 식사라도, 상하기 쉬운 식재료를 사용하지 않고, **필드키친**과 같 은 야외조리시설을 이용하는 것을「B레이션」이라 부르며 구별한다.

이외에도 긴급시에 칼로리 보급용으로 초콜릿 바를 포장한「D레이션」이나, 공수부대 용「K레이션」등이 있었으나, 한국전쟁 때는 개량형이 나와서 사라졌다.

C레이션 이란

> ## C레이션의 「C」란 어떤 단어의 약자가 아닌,
> ## 레이션의 구분기호 이다.

●제2차 세계대전 때의 레이션구분(미군)

A레이션

기지와 같은 항구적 취사시설에서 만든 식사

B레이션

「온식」이라 부르는 따뜻한 식사로서, 야외취사시설에서 만들어지거나,
후방에서 수송된 것을 데운 것이다.

C레이션

전투시 식량으로, 주로 통조림이다. 따뜻한 식사를 배급할 수 없을 때 지급된다.

D레이션

긴급시의 칼로리 보충용으로, 고농축 초콜릿 바.

K레이션

공수부대용 휴대식량으로, 고칼로리 식품과 기호품을 세트로 하여
1인 1식씩, 소형, 경량으로 포장되어 있다.

> 레이션을 통틀어서 「전투식량(Combat Ration)」이라고 부르기도 한다.
> 「특정 시기에 지급된 개별 레이션」을 가리키는 것이 아닌, 넓은 의미로 「전장에서 병사들이 먹는
> 휴대식량 전반」을 지칭하는 것이라면, 「컴뱃 레이션」이라는 말도 틀린 것은 아니다.

원포인트 잡학상식

K레이션의 「K」는 구분기호가 아닌 이니셜로, 개발자인 안셀 키스박사의 머리글자를 따왔다.

식은 레이션을 다시 데우려면?

액화 가스봄베나 휘발유, 등유를 사용하는 액체연료 스토브는 편리하지만, 연료의 관리나 보급에 손이 많이 가기 때문에 병사들이 개인적으로 구입하는 경우가 많다. 재가열에 이용하는 스토브는 역시 고체연료를 사용하는 것이 일반적이다.

● 고체연료를 사용하는「포켓 스토브」

병사들이 각자 레토르트식 레이션을 데우거나 커피를 끓일 때, 일반적으로 지급된 고체연료를 사용한다. 고체연료는 관리가 비교적 안전하고 간단하기 때문이다. 고체화 되어있기 때문에 밀봉하지 않더라도 기화하거나 증발하지 않고, 물에 젖어도 사용하는데 문제가 없다.

고체연료를 사용하는 군용 가열기구는「포켓 스토브」라 불린다. 그 중에서도 대표적인 것이, 메탄올(메틸 알콜)을 화학처리 하여 하얀 칩 형태로 만든 것으로, 유지 종류를 섞어서 양초와 같은 형태로 만든 것이다.

칩 형태의 고체연료는 수영장에 뿌리는 염소와 같은 모양으로, 일반적으로 1개에 4그램 정도이다. 금속제「쿠커(이른바 삼발이)」에 칩을 넣고 불을 붙이지만, 한 개씩 태우면 효율이 좋지 않기 때문에 3개 정도를 한번에 태우고, 그리고 나서 2개 단위로 추가하는 것이 좋다고 한다.

양초 형태의 메탄올을 캔에 담은 것도 있다. 캔의 크기는 다양하지만, 연소시간은 크기에 따라서 40분~2시간 정도이다. 칩 형태의 고체연료와는 다르게 사용하는 중간에 불을 끌 수 있지만, 한번 사용하면 표면에 막이 생기기 때문에, 다음에 사용할 때 막을 긁어내지 않으면 화력이 떨어진다.

가열하는데 라이터나 성냥이 필요하지 않는 것이「히트 팩(MRE히터)」이다. 주머니 안에 물을 넣기만 하면 20분 정도 계속 발열을 하여, 아무리 날씨가 좋지 않더라도 레토르트 팩을 재가열 할 수 있는 훌륭한 제품이다.

발열원리는 석탄과 같은 발열체와 물의 화학반응에 의한 것으로, 민수품에도 같은 원리로 도시락이나 술을 데우는데 사용한다. 팩을 안고 있으면 손난로 대용으로도 사용할 수 있지만, 발열을 할 때 수소가스가 발생하기 때문에 인화하지 않도록 주의를 해야 한다. 또한 산소를 소비하기 때문에 밀폐된 공간에서 대량으로 사용하면 산소결핍에 걸릴 위험성이 있다.

메타 쿠커와 히트 팩

● 고체연료를 사용한 「메타 쿠커」

「작은 모닥불」이라기 보단
「커다란 양초」와 같이 연소하기
때문에, 대량의 식량을 가열하는
데는 적합하지 않다.

고체연료의
태블릿

캔에 충전한
고체연료

● 독일제 메타 쿠커 「에스비트(Esbit)」

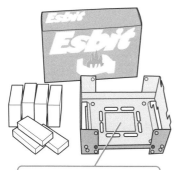

금속제 가열대는 온도가 상당히
올라가기 때문에, 나일론 위에서
조리하면 금새 나일론이 녹는다.

일본 여관이나 일본식 주점에서
볼 수 있는 「이것」도 제대로 된
메타 쿠커이다.

● 불을 사용하지 않고 가열할 수 있는 「히트 팩」(MRE히터)

주머니 안에 물을 부어 넣으면
발열을 한다. 히터의 종류에 따
라서는 발열 할 때 유독가스가
발생하는 것도 있다.

원포인트 잡학상식

고체연료에는 내용물을 겔 상태로 만들어서 튜브에 충전해놓은 「버닝 페이스트」라는 것이 있다. 이것은 장작에 발라서 장작이
쉽게 타도록 도와주거나, 액체연료를 사용하는 스토브의 예열에 사용할 수 있다.

통조림은 전투식량에 가장 적합하다?

때는 나폴레옹 시대. 군사행동에 필요한 식량을 대량으로 썩히지 않고 운반하는 방법을 찾고 있었다. 현상금을 걸고 개발된 아이디어는 식량을 병조림으로 하는 것이었지만, 시간이 지나면서 통조림이나 레토르트 팩으로 발전해 갔다.

● 막 다루어도 괜찮은 것이 좋다

군대가 행동을 할 때 반드시 필요한 것이 식량이다. 현지 조달에 기대지 않고 직접 식량을 확보하기 위해서는, 먼저 식량을 가열 살균하여 「병조림」으로 만드는 아이디어가 나왔다.

이 방법을 이용하면 식량을 상온에서도, 그럭저럭 장기간 보존을 할 수 있었지만, 유리 용기가 깨지기 쉬워서 다루기 어려웠다.

이 다음으로 영국에서, 통조림의 원형이라고도 할 수 있는 금속용기가 개발되었다. 금속 뚜껑은 납땜이 되었기 때문에, 정과 망치를 사용하여 개봉을 해야만 했다. 캔따개가 등장하면서부터 통조림을 따는 것은 편리해 졌지만, 납땜 납이 내부의 음식에 녹아 들어가는 문제가 남아있었다.

또한 부대가 통조림을 먹고 난 다음에는 대량의 빈 깡통이 남기 때문에, 식사의 흔적이 남는 것도 문제였다. 일단, 빈 깡통은 구멍을 파서 묻었지만, 그것도 한계가 있다. 그러나 "깨지지 않는다" 라는 이점은 군용품으로 매우 중요한 것으로, 통조림은 즉시 병조림을 대신했다. 통조림에는 건조시키거나 방부처리가 된 음식 이외에도, **커피**나 **홍차**나 건조 우유와 같은 음료, 캐러멜이나 사탕과 같은 단 것이 들어가기도 하였다.

통조림은 오랫동안 병사들의 식사를 책임져 왔지만, 시간이 지나면서 더욱 가볍고, 부피가 작은 「레토르트 팩」이 등장하였다. 이것은 조리가 되어있는 음식을 여러 겹 겹친 필름으로 포장한 것으로, 통조림과 마찬가지로 그 상태로 데워 먹을 수 있다.

팩이 찢어지기 쉽다는 단점이 있지만, 그래도 "통조림과 비교해서 불안" 하다고 할 뿐, 아주 험하게 다루지 않는 이상은 쉽게 찢어지지 않는다. 현재, 많은 군대에서는 트럭으로 한번에 수송할 때는 통조림을, 보병들이 휴대할 경우에는 레토르트 팩과 같이, 2가지를 같이 사용한다.

통조림에서 레토르트 팩으로

군대의 식량운반을 위해서 사용된 방법으로……

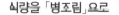

| 식량을 「병조림」으로 | 식량을 「통조림」으로 |

금방 깨진다!
이래선 안돼……

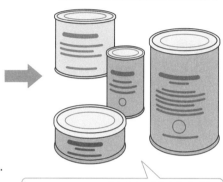

「무겁다」, 「캔따개가 필요
하다」는 단점이 있지만, 막
다루어도 괜찮다는 장점 덕
분에 오랫동안 병사들의 주
력 휴대식량이었다.

그리고……

식량을 「레토르트 팩」으로

통조림에 비하여 내구성은 떨어지지만,
「얇아서 짐 사이에 잘 들어간다」, 「데울 때
시간이 얼마 안 걸린다」, 「비교적 맛이
괜찮다」와 같은 점에서 호평을 받았다.

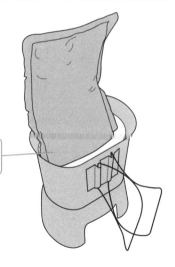

데울 때는 큰 가마솥 이외에도, 개인용 반합
이나 수통에 딸린 컵을 사용하였다.

콘 비프나 스팸 미트와 같은 통조림도 제2차 세계대전에서는 레이션으로 활약하였다. 이 통조림들은 사다리꼴이나 직사각형
모양이었기 때문에, 수송 할 때에도 공간절약에 도움이 되었다.

휴대용 풍로는 조심해서 다뤄야 한다?

야영 시, 식은 식사를 데울 때는 오직 휴대용 풍로가 사용되었다. 풍로라 하더라도 그 작동원리는 소형 스토브와 같으며, 연료로는 휘발유나 등유, 고압으로 액화된 가연성가스 등이 사용된다.

● 액체연료를 사용하는 소형 스토브

전선에서 취사가 불가능한 경우에, 병사들은 취사부대가 만든 식사를 받아서 먹게 되지만, 식사를 받고 직접 먹을 때까지 상당한 시간 차가 있는 것이 보통이었다.

시간이 지나면 식사는 식는다. 모닥불을 피울 수 있다면 식은 식사를 다시 데울 수 있지만, 전선에서 "불을 피울 수 있는" 그런 운수 좋은 경우는 많지 않다. 또한 통조림이나 레토르트 팩의 **레이션**이 일반화 될 때 까지는, 병사들에게 나눠준 식사는 **반합**에 담긴 「스튜와 비슷한 것」이었기 때문에, 데우는데 어느 정도의 화력도 필요하였다.

이때 병사들의 친구가 된 것이 소형 휘발유 스토브 였다. 연료에 압력을 가해서 기화시켜, 불씨를 가까이 대서 불을 붙였다. 연료인 휘발유는 비교적 손쉽게 구하였지만, 압력을 가하기 위하여 필요한 연료의 압축(펌핑)이 번거롭고, 버너 부분을 불로 달구어서 예열을 해야만 했다.

이 순서가 꽤나 어려워서, 기화하지 않은 상태로 불을 붙이면 매우 위험하였다. 또한 불을 붙인 채로 연료를 보급하려다 사고가 많이 났다. 이러한 타입의 액체연료 스토브는 이외에도 케로신(백등유)이나 알코올을 사용하는 것까지 다양하다.

지금의 휴대용 풍로나 등산용 "가스 버너"에 가까운 가스연료계 스토브도 군대에서 사용되고 있다. 봄베가 부피를 많이 차지하거나 제조사에 따라 봄베의 호환성이 없는 것은 문제이지만, 불을 붙이기 쉽고 연료를 엎지를 염려가 없다.

가스연료계 스토브는 연속으로 사용하면 봄베내부의 압력이 저하하여 화력이 떨어지기 때문에, 열을 봄베에 전달하는 장치를 장착해서 화력을 유지한다. 단 봄베가 너무 따뜻해지면 파열하기 때문에, 휘발유와 같은 경우에는 다른 의미에서 취급에 주의가 필요하였다.

물을 끓이거나 조리를 할 때 매우 중요한 휴대용 풍로이지만……

연료는 액체연료나 액화가스

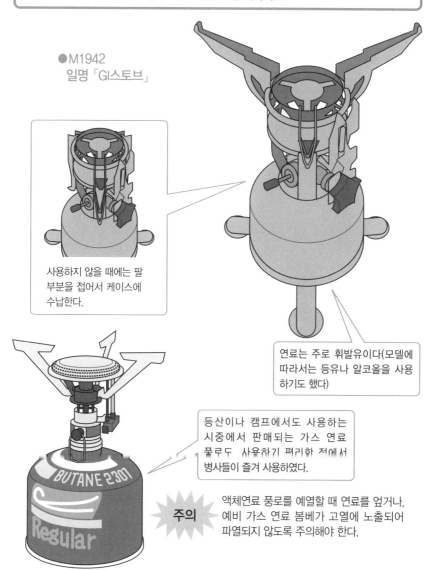

●M1942
일명 「GI스토브」

사용하지 않을 때에는 팔
부분을 접어서 케이스에
수납한다.

연료는 주로 휘발유이다(모델에
따라서는 등유나 알코올을 사용
하기도 했다)

등산이나 캠프에서도 사용하는
시중에서 판매되는 가스 연료
풍로는 사용하기 편리한 점에서
병사들이 즐겨 사용하였다.

주의

액체연료 풍로를 예열할 때 연료를 엎거나,
예비 가스 연료 봄베가 고열에 노출되어
파열되지 않도록 주의해야 한다.

원포인트 잡학상식

이러한 휴대용 스토브는 전용 케이스에 수납되어 어느 정도 부피를 차지하지만, 케이스를 조리용 냄비로 이용할 수 있는 등
장점도 많다.

레이션의 유통기한은 어느 정도인가?

군대에서는 대량의 식량이 필요하다. 전투용 비상식량인 레이션 역시 예외가 아니다. 유통기한이 짧으면 그만큼 빈번하게 보충이나 보급을 해야만 하기 때문에, 레이션은 어느 정도 오래 버틸 수 있도록 만들어졌다.

●「언제까지 먹어라」라고 적혀 있는 것은 소수파

군대에서 사용되는 레이션 류는, 보급이 끊어지거나 장기간 단독행동을 하는 경우에 대비하여 유통기한이 길게 만들어졌다. 그러나 기본적으로는 민간의 프리즈드라이 제품이나 레토르트 팩과 같은 것으로, 군용이라고 특수 첨가제를 사용하고 있는 것은 아니다.

일반 식품에는, 맛있게 먹을 수 있는 기한을 「상미기한」, 먹어서 탈이 나지 않는 기한을 「유통기한」(한국에서는 유통기한만 존재한다)으로 규정하고 있지만, 양쪽 다 정해진 하나의 기준에 불과하다. 물론 군대에서는 "맛있게" 보다는 "안전" 하게 먹을 수 있는 쪽이 우선되지만, 국가에 따라서는 부대의 활동범위나 시기 등이 상당히 광범위 하기도 하다.

예를 들어 전 세계 어디로 가게 될지 예측할 수 없는 미군의 레이션은, 보관 할 때의 환경에 따라 품질 저하속도 차이가 현저하기 때문에 「제조일로부터 몇 년」과 같은 기한을 규정해 놓을 수 없다. 그렇기 때문에 보존방법도 일정하지 않으며, 민간 제품의 유통기한에 비해서 군용 식량의 유통기한은 「어디까지나 기준일 뿐 입니다」라는 것을 사전에 명확하게 알려주어야 할 필요성이 있다.

레이션에는 「먹을 수 있는 기한」이 표시되지 않고, 「제조된 연월일」만이 적혀있는 경우가 많다. 레이션은 제조의 단계에서 살균, 밀봉되어 있기 때문에, 캔이나 주머니에 구멍이라도 나지 않는 이상 상당한 기간(종류에 따라 다르지만 긴 것은 10년 단위이다) 보존이 가능하다.

통조림은 레토르트 팩 보다 보존 가능한 기간이 길지만, 흡기가 많은 장소에서는 흠집이 나거나 찌그러진 곳이 녹슬 가능성이 있다. 녹슨 곳에는 결국 구멍이 뚫리고, 내부의 식량이 썩게 된다.

캔이던 팩이던, 썩은 것은 "안에 공기가 들어있는 것 같이" 팽창한다. 복통이나 설사는 싸우는 병사들의 의욕이나 능력을 바로 저하시키기 때문에, 레이션의 상태 체크에는 신중을 기해야 한다.

레이션의 유통기한

군대는 기본적으로 「모든 장소에 보내진다」.

연단위로 관리되는 레이션의 경우,
시기에 따라 보존환경이 크게 달라진다.

민간의 보존식과 같이
「일률적이고 명확한 유통기한」을 정하기 힘들다.

그러나 「국내에서 활동을 전제」로 한 일본의 육상자위대와 같은
경우, 「통조림은 약 3년, 레토르트 팩은 약 1년」과 같은 유통기한
이 정해져 있다.

결국……

군대의 보존식량에는 「제조연월일」만이 기재되어, 보존
환경이나 외관을 보고 먹어도 되는지 판단한다!

레이션의 신선도를 판단하기 위해서는

내틱연구소에서 만든
「TTI라벨」

레이션이 포장된 때부터 시간과
온도에 반응하여 변색하는 라벨.
안쪽에 원이 검은색으로 바뀌면
섭취불가.

먹을 수 있습니다.

먹을 수 없습니다.

원포인트 잡학상식

TTI는 「TIME – TEMPERATURE INDICATOR」의 약자로, 시간, 습도, 지시라벨을 뜻한다. 가격은 한 장에 65원 정도이다.

커피, 홍차는 사기 진작에 도움이 된다?

병사들이 전장에서 마시는 것은 「수통 안의 물」뿐만은 아니다. 지급된 레이션 안에는 「커피」나 「홍차」와 같은 기호품도 들어가 있어서, 스트레스 해소나 사기 진작에 효과가 있다고 여겨진다.

● 카페인과 단 것으로 스트레스 해소

커피에 들어가 있는 카페인은 졸음을 없애주고, 의식을 각성시키는 효과가 있다. 또한 음식의 향을 북돋아서 식욕을 증진시킴으로써 병사들이 맛 없는 레이션을 억지로 먹는 데 도움이 되었다.

미국에서 커피를 마시는 습관은 유럽계 이민자가 늘어난 19세기 중반에는 이미 정착되어서, 이 무렵 군의 메뉴에는 커피가 포함되어 있었다. 남북전쟁 때에는 커피, 설탕, 크림이 페이스트 상태가 된 인스턴트 커피도 개발되었다.

그리고 홍차라 하면 영국이다. 영국군의 레이션에는 분말 밀크티가 들어가 있어서, 사기 유지에 공헌을 하고 있다. 커피는 사람에 따라 호불호가 갈리지만, 홍차의 경우는 커피에 비하여 취향을 타지 않으며, 카페인 함유량도 커피에 비하여 결코 적지 않다. 지금은 미군이나 스위스 군의 레이션에도 홍차가 들어간다.

피로를 일시적으로 회복하여, 기력을 유지하고 스트레스를 줄이는 용도로 초콜릿이나 사탕, 껌과 같은 과자류도 중요하게 여긴다.

특히 초콜릿은 칼로리 보급의 의미도 겸한 에너지 식품으로 유용하지만, 군대는 열대 지역에서도 싸우기 때문에 「입에서는 녹고 손에서는 안 녹는」처리를 하는데 상당히 고생을 하였다 한다. 이러한 기술은 민간에서 유통되는 과자에도 전용이 되거나, 역으로 민간에서 인기 있는 과자 종류가 군용 버전으로 바뀌어서 레이션에 들어가는 경우도 있다.

그러나 군대에서 지급되는 단 것은 간식이 아닌 「칼로리 보급을 위한 비상식」이라는 위치이기 때문에, 대기 할 때 먹어버리면 정작 중요할 때 먹을 것이 없는 상황이 벌어지므로 곤란하다. 그래서 단맛을 억제하고 쓴 맛으로 만드는 것으로 일부러 "맛 없게" 만드는 것도 많다.

커피의 효능

독일군의 연구나 미군의 매뉴얼에 따르면
「커피는 병사들의 사기를 향상시킨다」라고 한다.

| 졸음 제거나 의식 각성 |

= 이것으로 병사들도 초롱초롱하게 회복!

| 식욕 증진 |

= 맛 없는 레이션도 전부 다 먹었다!

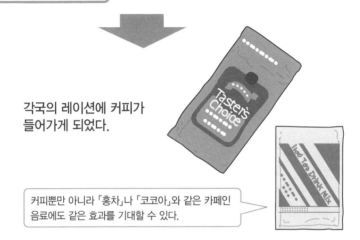

각국의 레이션에 커피가
들어가게 되었다.

커피뿐만 아니라 「홍차」나 「코코아」와 같은 카페인
음료에도 같은 효과를 기대할 수 있다.

전장에서는 음용에 적합하지 않은 물을 여과시키거나 끓여서 마시는 경우가
많다. 분말이나 티백 상태로 들어가 있는 커피나 홍차는, 이러한 종류의 물을
조금이라도 맛있게 마시는 데 도움이 된다.

「콜라」나 「초콜릿」에도 카페인이
들어가 있어서, 전선이나 점령지용
물자로서 대량으로 보내어진다.

원포인트 잡학상식

처음에 커피는 생두가 지급되었었다. 미국에서는 남북전쟁 때에는 배전(焙煎)된 것이 등장하지만, 분말 상태의 인스턴트 커피와
같은 것이 각국에 보급된 것은 제2차 세계대전 이후의 일이다.

전선에 있는 병사들에게는 담배가 일괄적으로 지급되었다?

담배는 전장의 긴장감이나 공포를 누그러뜨리는데 중요한 역할을 하였다. 예전에는 커피나 홍차와 더불어 레이션의 내용물에 포함되어, 병사들에게(하루에 몇 개피 단위로) 지급되었다.

● 담배를 피우지 않는 병사들은 통화대용으로 사용하였다

담배는 요즘이야 「폐암 뇌졸중을 일으키는 만악의 근원이며 건강의 적」이라고 하지만, 1980년대 까지는 일단은 "제대로 된 기호품" 취급을 받았다. 군대에서도 흡연자, 비흡연자의 차이는 있었지만, 기본적으로 「병사들에게 담배는 필요하다」고 여기어, 식량과 같이 배급하였다.

이렇게 일정량의 담배가 배급되었으나. 흡연의 습관이 없다면 남는 물건에 불과하였다. 그러나 헤비 스모커에게 있어서는 간절하게 필요한 물품이다. 그래서 담배를 피우지 않는 병사는 흡연자에게 담배를 팔거나, 물물 교환의 대상으로 하는 등, 유사화폐로서 사용하기도 하였다 한다.

담배를 피우기 위해서는 불이 필요하다. 전장에서는 바람이 강하거나 습기가 많을 때에는 성냥이 쓸모가 없어지는 일이 많다. 방수된 「밀랍 성냥」과 같은 것도 존재하였으나, 인기가 있었던 것은 각종 라이터 였다.

야외에서 사용하는 것을 상정하고 만들어진 라이터는 몇 종류가 있지만, 역시 바람이 불어도 꺼지지 않는 「가스라이터(터보라이터)」가 편리하다. 라이터 크기의 가스버너라고도 할 수 있을 정도로 가스버너와 원리가 같기 때문에, 실을 태워서 끊을 때도 사용할 수 있다.

그러나 가스라이터는 연료인 가연가스를 구해야만 했다. 이에 비해 「오일 라이터」는 전용연료 이외에도 전장에서 손쉽게 구할 수 있는 휘발유를 사용할 수도 있기 때문에, 병사들이 즐겨 사용했다.

오일 라이터의 대명사인 「지포(Zippo)」는 디자인과 내구성으로 인기가 있는 아이템이다. 지포는 「평생보증제도」를 실시 하고 있어서, 메이커에 고장 난 지포를 보내면 무상으로 수리를 해준다. 수리가 불가능한 경우에는 같은 제품과 교환해주는 것과 같은 철저한 관리로, 1932년 발매 이후, 세계각국에서 수집가나 특집잡지 등이 수 많이 존재한다.

스트레스 경감을 위하여

전장에서 불안과 긴장이 끊임없이 병사들을 덮친다.

진정이 안되네……

LUCKY STRIKE
CIGARETTES

Marlboro

담배일발장전!

같이 들어가 있는 레이션에 맞춰서
「4개피 팩」과 같은 특별 버전이 만
들어 졌다.

피우지 않는 병사들은 동료와 교환하거나
화폐 대용으로 사용하였다.

착화기구로서는, 바람에 강하고 연료조달이 용이한 오일 라이터가 인기가 있었다.

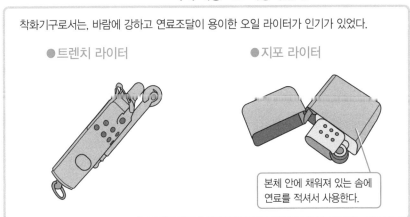

●트렌치 라이터

●지포 라이터

본체 안에 채워져 있는 솜에
연료를 적셔서 사용한다.

원포인트 잡학상식

미군에서는 1972년에 레이션에 담배를 집어넣는 것을 중지하였다.

야전 주방이 따뜻한 식사를 제공한다?

각종 레이션(야전식)은 가혹한 환경에 견딜 수 있는 보전성이 있어서, 싸우기 위한 에너지를 보급하는 고칼로리 식사의 기능을 한다. 그러나 잔뜩 스트레스를 받는 전장에서, 이를 해소하는 방법으로 「따뜻한 식사」도 필요하다.

● 필드키친

전장에 있는 병사들은 상상 이상의 스트레스를 받는다. 스트레스가 쌓이게 되면 원래 가지고 있는 능력도 충분하게 발휘할 수 없고, 결국 건강을 해치게 도어 후방의 병원으로 후송된다.

식사를 하는 행위는 스트레스 해소의 수단으로서 효과가 있다. 각종 **레이션**이 칼로리밸런스나 스니커즈와 같은 "에너지 보급식품"으로 특화되어 있는 것뿐만 아니라, 맛이나 메뉴의 종류에도(가능한 한) 신경을 쓰고, 병사들이 질리지 않도록 필사적으로 노력하는 것은, 스트레스 대책이라는 의미가 매우 크다.

특히 제2차 세계대전 이후, 부대의 이동수단이 도보나 말에서 자동차로 변화함에 따라, 병사들이 먹는 식량도 도시락(레이션) 중심으로 변화하였다.

병사들이 취사부대와 함께 도보로 이동하였을 때는 얼마만큼은 따뜻한 식사를 먹었으나, 트럭으로 전투부대만이 앞서게 되면서부터는 계속 맛 없는 레이션 만을 먹어야 하는 상황에 처해진 것이다.

이렇게 되면 병사들의 사기도 올라가지 않는다. 그래서 생각해낸 것이, 전선에서 싸우는 부대에 따뜻한 식사(온식)를 공급하는 「필드키친」, 「키친웨건」이라 불리는 설비다.

이 설비는 말이나 트럭으로 견인해서 이동할 수 있어서, 부대와 함께 전선으로 출장을 간다. 거기서 조리를 전문으로 하는 요인이 필드키친을 운용하여, 평소 먹는 것과 비슷한 수준의 식사를 만드는 것이다.

또한 고기나 야채에 열을 가하거나 기름으로 튀는 등의 이른바 "조리" 이외에도, 통조림과 같은 레이션을 가마솥 안에 넣고, 부대단위로 데우기도 하였다.

야전용 취사장비

> **"따뜻한 식사"를 준비하는 것은 병사들의
> 사기 유지를 위해서도 중요하였다.**

● 제2차 세계대전 때 독일군이 사용한 「필드 키친」

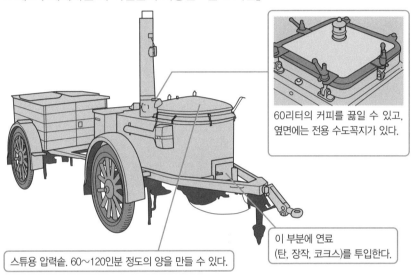

60리터의 커피를 끓일 수 있고,
옆면에는 전용 수도꼭지가 있다.

이 부분에 연료
(탄, 장작, 코크스)를 투입한다.

스튜용 압력솥. 60~120인분 정도의 양을 만들 수 있다.

● 육상자위대의 「야외취구1호(개)」

200~250인분의 취사와 반찬조리를
동시에 할 수 있다. 훈련 이외에도,
재해파견 시에도 활약한다.

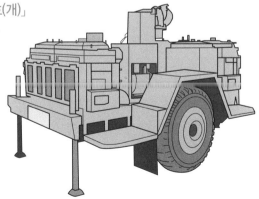

원포인트 잡학상식

전장에서의 식사에 있어서 일본군은 철저하게 쌀밥을 고집하였으나, 미국이나 독일도 신선한 빵을 공급하기 위해 전력을
다하였다. 병사들에게 신선한 빵을 제공하기 위한 「제빵중대」가 편성될 정도였다.

군용 텐트는 구식이다?

텐트는 숙영용 장비이다. 숙영은 「야영」, 「노영」 이라고도 하여, 군대가 기지나 건물 밖에서 진영을 잡고 숙박하는 것을 가리키는 말이다. 장기간 휴식을 취하는 것으로 다음 행동의 준비를 하는 것과 동시에, 부대의 전투력을 회복한다.

● 숫자가 너무 많아서 바꿀 엄두를 못 낸다

군대의 텐트는 사용해야 할 때 찢어져 있는 일이 없도록, 두껍고 튼튼하게 만들어져 있다. 소재는 **군용트럭**이나 **지프**의 포장으로 사용되는 캔버스로 되어있는 것이 일반적이다. 캔버스는 튼튼한 대신, 무겁고, 촉감도 꺼끌꺼끌하다. 접거나 펴는 것도 만만치 않는 일이고, 세척을 할 때는 덱 브러쉬에 세제를 묻혀서 힘껏 박박 문질러야만 했다.

물론 등산용품이나 아웃도어 용품을 보면 알 수 있듯이, 텐트라는 장비가 전부 이런 것은 아니다. 민간에서는 "가볍고 튼튼하며 사용하기 편한" 텐트가 얼마든지 팔리고 있다. 그렇다면 어째서 군용텐트만 시대에 뒤떨어 진 것일까? 그것은 군대라는 조직이 기본적으로 「돈 먹는 하마」인 것과, 육군이라는 조직이 매우 규모가 크기 때문이다.

군대는 돈 먹는 하마이지만, 먹일 수 있는 돈에는 한계가 있다. 그래서 전차나 전투기와 같은 덩치 큰 것들이 우선되어서 "개인이 참으면 어떻게든 해결되는" 텐트와 같은 장비는 우선순위에서 밀려나는 경향이 강하다. 또한 조직이 매우 크다면 그만큼 필요한 텐트의 숫자도 많아져서, 텐트를 마련하고 교환하는 것도 엄청난 규모의 일이 된다.

텐트의 종류는 2인용 하프텐트에서, 소대용 10인용 텐트, 전선사령부로 사용하는 대형 텐트까지 다양하다. 운동회 야유회에서 사용하는 것과 같은 "기둥과 지붕 밖에 없는" 개방형 텐트는 벽이 없기 때문에, 병사들의 휴식용으로는 사용할 수 없다. 대형텐트는 구호소나 포로 수용소, 통신중계기지로서도 사용되었다. 공기로 부풀리는 벌룬 타입의 텐트도 있으며, 헬리콥터를 그대로 격납할 수 있는 「쉘터」로서 사용되고 있다.

색상은 그 장소를 이동하는 보병의 옷과 거의 같지만, 위장 효과를 노리고 녹색이나 회색으로 통일되어 있는 경우가 많다. 즉 사막에서는 모래색, 설원에서는 흰색과 같이, 장소에 따른 배리에이션도 갖춰져 있다.

군용 텐트가 촌스러운 것은

> 텐트는 부대 레벨의 대형인 것부터 개인용까지 다양한 종류가 있고,
> 필요한 숫자도 많다.

바꾸는데 막대한 수고와 시간이 든다.

참을 수 있는 부분이니, 나중으로 미루자.

돈도 없고 말이지.

그래서 군대에는 「구세대」에 속해있는 텐트가 계속 사용되었다.

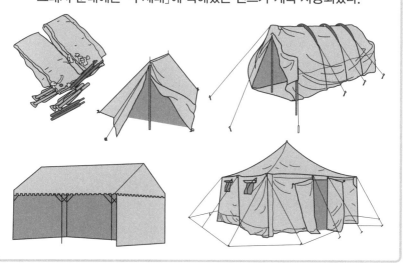

● ICS
(Improved Combat Shelter)

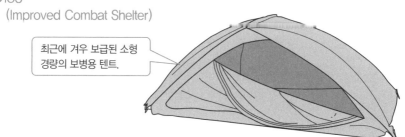

최근에 겨우 보급된 소형
경량의 보병용 텐트.

원포인트 잡학상식

「장비의 갱신」은 필요가 생겨야 이루어지는 것이다. 육상자위대와 같이 기본 "국내에서만 싸우는" 것이 전제인 군대에서는 아무래도 텐트와 같은 장비는 갱신이 늦어지는 경향이 있다.

야외에서 잘 때는 침낭이 편리하다?

병사들에게 있어서는 「수면」역시 중요한 임무 중 하나이다. 수면부족은 체력을 회복 할 수 없게 만들뿐만 아니라, 중요할 때에 집중력이 떨어지는 원인이 된다. 싸우기 위해서는 될 수 있는 한 쾌적한 수면을 취하여, 컨디션을 최상으로 끌어올릴 필요가 있다.

● 지면에 체온을 빼앗기지 않는 것이 중요하다

침낭은 자루 모양의 침구로서, 냉기나 강풍을 차단해서 그런대로 쾌적한 수면을 확보하는 효과가 있다. 군대용 침낭은 영하 10도에서 영상 10도 사이의 환경을 상정하고 제작된 것으로, 슬리핑 백이라고 부르기도 한다.

침낭 위에는 방수성, 투습성(습기가 잘 통하는)이 뛰어난 커버를 씌우는 경우도 있고, 위장 무늬가 프린트 되어있는 것도 있다. 내부는 밀폐되어 있기 때문에 보온성이 높으며, 병사들이 수면을 취하기 위한 기본 아이템이다. 대포탄이 날아오지 않는 후방지대에서는 대형 **텐트**를 펴고 휴식을 취하지만, 이 때도 접이식 알루미늄 파이프 침대 위에서 침낭에 들어가는 것이 일반적이다.

형태에는 봉투형(렉탱글러)이나 머미(미라를 의미)형과 같은 배리에이션이 있지만, 기본적으로는 나일론이나 폴리에스테르가 주 소재로 여기에 「립 스톱」가공이 되어있다. 이것은 어딘가에 걸려서 찢어지더라도, 찢어진 구멍이 넓어지지 않게 만드는 가공이다.

침낭을 닫을 때는 지퍼를 이용하지만, 한국전쟁 때까지는 안쪽에서 지퍼를 올리고 내리는 것이 불편하였기 때문에, 야간에 습격 받았을 때 침낭에서 나오질 못하고 죽었다는 사례가 있었다. 이후, 안쪽에 지퍼의 손잡이를 달거나, 손잡이가 바깥쪽으로도 안쪽으로도 회전하도록 개량되었다.

야외에서는 돌밭과 같은 울퉁불퉁한 장소에서 잠을 자야 할 때도 있다. 이때는 밑에 단열효과가 있는 우레탄제 매트를 깐다. 공기를 집어넣어 팽창시킨 「에어매트」를 사용하는 경우도 있으며, 공기를 너무 꽉 집어넣지 않고 앉았을 때 엉덩이가 지면에 닿을락말락 한 정도가 좋다. 매트류나 침대를 사용하는 것은, 양쪽 다 "지면에서 잠을 자지 않기"위함이다. 지면에서 나오는 냉기에 체온을 쉽게 빼앗기기 때문에, 야외에서 잘 때는 주의를 해야 한다.

야외용 각종침구

● 침낭의 종류

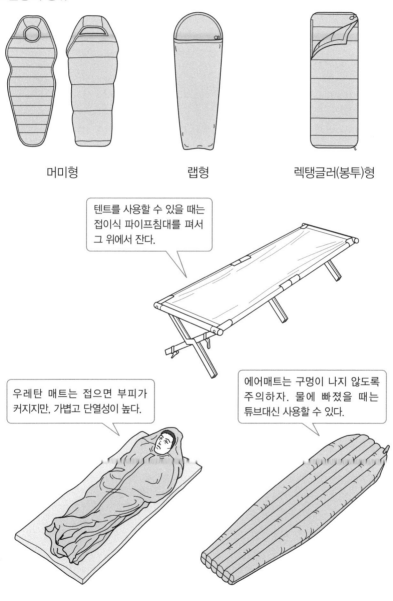

머미형　　　　　　　　랩형　　　　　　　렉탱글러(봉투)형

텐트를 사용할 수 있을 때는 접이식 파이프침대를 펴서 그 위에서 잔다.

우레탄 매트는 접으면 부피가 커지지만, 가볍고 단열성이 높다.

에어매트는 구멍이 나지 않도록 주의하자. 물에 빠졌을 때는 튜브대신 사용할 수 있다.

원포인트 잡학상식

베트남 전쟁 때 침낭은 시체운반용으로도 사용되었다.

위장에는 「그물망」을 사용해라?

적의 눈을 속이고 몸을 숨기기 위한 수단을 「위장」이라 한다. 위장복을 착용하거나, 차량에 위장 무늬를 그려 넣는 「위장도장」 등이 일반적이지만, 그물망(네트)을 사용한 위장도 꽤나 효과가 있는 방법이다.

● 그물망과 나뭇잎을 덮어서 숨겨라

위장하는데 사용되는 그물망(네트)는 모기장이나 물고기를 잡는데 쓰는 그물눈이 촘촘한 것이 아닌, 헤먹에 사용되는 것과 같은 "그물눈이 큰" 것을 사용한다. 위장용 그물망은 「위장망」이라 불리며, 숙영 중의 병사나, 무기탄약, 전차나 트럭, 보급물품과 같은 물자, 기재를 적이 발견하지 못하도록 위장을 할 때 사용된다.

그물망에는 나뭇잎을 흉내 낸 「플랩」이라는 얇은 것을 붙여서, 멀리서 볼 때에 수풀처럼 보이도록 만들어 졌다. 위장망의 플랩은 녹색 단색이 아닌, 위장 도색이 된 것이나, 위장망을 뒤집는 것으로 색감이 변하여 계절에 맞춰 사용할 수 있게 만들어 놓은 것도 존재한다.

자연계에는 일정 길이 이상의 「직선」이나 「직각」이란 것이 존재하지 않기 때문에, 인간의 눈에도 "자연 속에서 직선이나 직각이 눈에 잘 띄게"되었다. 나뭇잎이 붙은 그물망을 덮어서 위장 효과를 낸다는 것은, 인공물이 가지고 있는 특유의 선을 알 수 없게 만들어서 적의 눈을 속이는 것을 의미한다.

넓은 범위에 그물망을 덮어둘 때는, 가장자리 부분을 수목이나 암석에 걸어서 숨기고 싶은 대상물의 윤곽을 선명하지 않게 만드는 것이 위장망 설치의 요령이라 할 수 있다. 여기에 나뭇가지나 낙엽, 모래를 뿌려서 주위와의 음영차이를 없애고, 배경에 녹아 들어가도록 만드는 것이 좋다.

위장망에 의한 위장은, 특히 공중 정찰을 속이는데 효과가 있다. 항공기는 헬리콥터 등의 일부 기종을 제외하고 고속으로 이동하기 때문에, 위장망을 사용하는 것으로 지상에 있는 물체를 확인하기 어렵게 만들 수 있다. 적의 항공기를 격추시키는 대공진지 등도, 목표에게 들키지 않으려고 **흙 부대**를 주위에 쌓고, 천정을 위장망으로 덮는 것이 기본이다.

트럭과 같은 이동하는 차량에는, 짐칸 포장의 바깥쪽에 처음부터 위장망을 붙여놓고, 야영지에 도착했을 때 위장망을 전개하기 쉽게 만들어 주기도 한다.

위장망

| 그물망을 사용한 위장방법 | → | 병사나, 무기탄약과 같은 물자나 기재를 감춘다 |

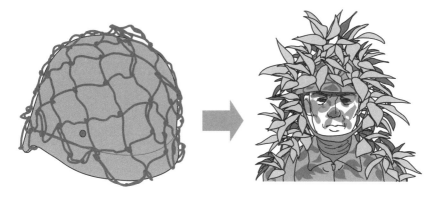

장비에 망을 씌워서……

나뭇잎을 붙이면 완성!

● 넓은 범위를 위장하려면……

차량에 사용하는 경우에는, 위장망에 인공 나뭇잎(플랩)이 붙어있는 것을 사용한다.

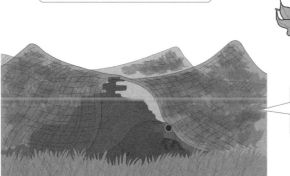

거대한 위장망을 효과적으로 사용하면 전차도 숨길 수 있다.

원포인트 잡학상식

위장망 중에서도 「바라쿠다 위장망」이라는 스웨덴제 위장망은 플랩에 적외선방지 처리가 되어 있어, 세계각국에서 채용되어 있다.

야외무전기는 어떻게 진화하였나?

전쟁 중, 적에게 들키지 않고 아군과 의사소통을 하기 위해서는 무선을 이용한 무전기를 사용하는 것이 가장 빠른 방법이다. 제2차 세계대전 때의 무전기는 커서 가지고 다니기 불편하였지만, 지금은 소형화가 진행되어 병사 개인이 휴대할 수 있게 되었다.

● 예전에는 무전기를 등에 짊어지고 다녔다?

무선장치가 전쟁에서 사용되기 시작했을 때는, 사이즈가 상당히 컸었다. 실용적인 성능을 발휘하게 만들려면 「공중전화」나 「전자렌지」정도의 크기가 되어서, 한 곳에 놓고 사용할 수 밖에 없었다.

전차나 항공기와 같이 엔진이 달려있는 탈것에 싣는 것은 문제가 없었지만, 보병부대가 무전기를 휴대하려면, 지게와 같은 래크에 올리거나 벨트를 사용해서 등에 매어야만 했다.

근대군대에서 무선장치의 사용법은 다양하다. 실시간 정보를 중요시하는 현재 미군에서는 병사 전원이 무선장치를 휴대하도록 힘쓰고 있지만, 그래도 부대(최소 단위의 「분대」)당 무전기 하나가 최선인 것 같다. 그러나 이 경우 무선장치란 "송신과 수신이 무전기 한대로 가능"한 타입을 가리키며, 수신기능 밖에 없는 「리시버」는 전원이 장비하고 있는 것도 흔히 볼 수 있다.

현재의 무전기는 소형화가 진행되어, 분대단위의 단거리용 무전기라면 대형 트랜시버 정도, 소대용 이라면 소형 모바일 컴퓨터 정도의 크기가 되었다.

대부분은 손에 잡는 마이크와 스피커로 통신을 하지만, 전투를 벌이면서 사용할 때는 헤드셋이라 불리는 송수화기를 사용한다. 이것은 마이크와 헤드폰이 일체화 된 것으로, 머리에 장착하기 때문에 양손을 자유롭게 쓸 수 있는 것이 장점이다. 특히 지휘관용 통신 장비는, 팀의 각 대원과 직접 이야기를 하며 명령을 내릴 수 있다.

마이크는 귀 부분에서 입가까지 오는 암 끝에 달려있는 것이 일반적이지만, 전차병이나 헬리콥터의 파일럿 등, 엔진소리나 로터소리와 같은 시끄러운 잡음 때문에 자신의 목소리가 상대방에게 전달되지 않는 환경에서 통신을 해야하는 병사는, 마이크를 목 부분에 붙여서 성대의 울림을 직접 잡는 「스로틀 마이크」를 사용한다.

베트남 전쟁 때까지는 등에 매는 대형 사이즈로, 밑 부분은 배터리였다.

배터리의 지속시간은 약 20시간이다.

현재의 모델은 소형화가 진행되어, 트랜시버나 휴대형 음악플레이어 정도의 크기가 되었다.

헤드셋

개인용 무전기

스위치

「스로틀 마이크」는 성대의 진동을 직접 잡아 내기 때문에, 주위의 잡음이 들어가지 않는다.

원포인트 잡학상식

항공기의 파일럿이나 차량의 운전수가 사용하는 헤드셋은 헬멧과 일체화된 것도 있다.

전장에서는 사람의 힘으로 전화를 연결한다?

전장에서 통신을 하는 방법이라 하면 무전기나 트랜시버와 같은 것을 떠올린다. 각종 전파를 이용한 무선식 통신수단은 편리하지만, 적에게 무선을 도청당하기 쉽다는 단점이 있다. 도청당할 걱정이 적은 것이 전선(통신선)을 사용하는 유선통신이다.

● 야전전화기와 유선 릴

통신선을 이용한 유선통신은 무선통신에 비하여 "용량이 큰 데이터를 고속으로 주고 받을 수 있다"는 특성이 있다. 컴퓨터로 인터넷 접속을 해서 그림 파일이 덕지덕지 붙어 있는 사이트에 접속하려 할 때나, 용량이 큰 프로그램을 다운 받으려 할 때, 무선LAN으로 접속하는 것보다 「케이블로 직접연결」하는 쪽이 통신속도가 빠르고 안정적 것도 이러한 이유이다.

음성 만을 주고 받는 전화회선이라면 통신속도의 문제도 그렇게 심각한 것은 아니지만, 적이 도청을 하기 어렵다는 점은 큰 이점이다. 최근에는 무선식이라 하더라도 디지털방식의 통신방식이 보급되어 있기 때문에 도청을 당할 위험성은 줄었으나, 그렇다 하더라도 유선식 통신수단은 "선을 연결하기만 하면 통신을 할 수 있다"는 간편함 때문에 지금도 현역으로 활용되고 있다.

유선통신은 2개 이상의 단말(야전전화 등)을 통신선으로 연결하는 것으로 통화가 가능하다. 통신선은 사고로 인해서든 인위적으로든 절단이 되면 더 이상 통신이 되지 않기 때문에, 전신주를 통해서 공중에 설치 된 전화선과 같이 「사람이나 차량이 닿지 않는 장소」를 통과할 필요가 있다. 그러나 전장에서는 눈에 띄는 공중에 선을 통과시킬 수는 없기 때문에, 지면에 묻거나 나무 사이로 통과시킬 수 밖에 없다. 그리고 이러한 작업은 사람의 힘으로 하는 것이 가장 효율이 좋다.

통신선은 가지고 다니기 쉽도록, 일반적으로 100m정도의 단위로 「드럼식 릴」에 감겨 있다. 통신병은 통신선 릴을 안거나 등에 지면서 통신이 필요한 곳까지 가서, 상대의 야전전화에 연결한다.

설치하는데는 통신선의 길이 제한을 받기 때문에, 통화거리는 선이 닿는 범위로 한정된다. 이 때문에 주로 아군진지에 깔려있는 경우가 많지만, 아군의 전차나 장갑차의 캐터필러로 인하여 통신선이 끊어지는 사고가 빈번하게 일어난다. 이 때마다 통신병이 선을 파내서 다시 연결해야만 한다.

유선통신은 드럼을 가지고 다니며 설치한다

> 회선을 설치하는데 가장 확실한 것은 인력이다.

이와 같은 릴을 짊어지고 지점에서 지점 사이에 통신선을 연결한다.

릴에 감겨있는 선은 기껏해야 350m정도이기 때문에, 거리적으로도 사람이 충분하게 왕복할 수 있다.

나무 사이를 통과시키거나 지면에 묻는 등, 선이 끊어지지 않도록 조치를 취하면서 선을 연결한다.

> 그러나 문제점도 존재한다.

● 적 뿐만 아니라 아군도 "실수"로 선을 끊기 쉽다.

● 선이 끊어지면 "물리적으로 다시 연결" 할 때까지 통신이 불가능 하다.

이러한 경우……

> 통신병이 선을 더듬어 가면서 달리고 달려, 끊긴 부분을 다시 연결한다.

● 통신선 양쪽에 접속되는 야전전화

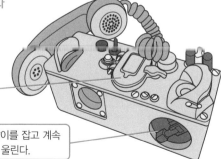

내부에는 D형 건전지가 2개 들어간다.

상대방 호출용 발전기. 손잡이를 잡고 계속 돌리면 상대방 쪽에서 벨이 울린다.

원포인트 잡학상식

핸들을 돌리는 타입의 야외전화는 「자석식 전화기」라고도 불린다. 2개 이상의 전화기를 연결 할 수도 있어서, 이 경우 핸들을 돌려서 발생되는 전력은 교환기를 작동시키는데 사용된다.

게눈처럼 생긴 쌍안경이란?

구멍 안에서 머리를 내밀지 않고 적을 관찰 할 수 있는 아이템이 「페리스코프」이다. 프리즘이나 거울의 반사(빛의 굴절)를 이용하여 높은 장소를 엿볼 수 있는 구조로 되어있지만, 이것과 쌍안경을 합체시켜서 게눈처럼 생긴 관측기기가 만들어진다.

● 게 눈인가 달팽이 눈인가

　게눈처럼 생긴 이 관측기기는, 장착되어 있는 2개의 페리스코프가 마치 게눈을 연상시키는 모양을 하고 있다 하여, 일본에서는 「카니메가네(게눈안경蟹眼鏡)」라고 부르기도 한다.

　페리스코프란 렌즈의 위치를 프리즘으로 관측자의 시선보다 높게(혹은 낮게)만들 수 있기 때문에, 자신은 안전한 장소에 몸을 숨기면서 렌즈를 내밀어서 관측하는 것이 가능하다.

　이러한 관측기기는 주로 포병대에 지급된 대형 쌍안경으로, 일반적으로 「포대쌍안경」이라 불린다. 대포를 쏠 때 조준점 조절을 하기 위하여 착탄지점을 확인하거나, 참호 등에 몸을 숨기면서 적의 상황을 파악할 수 있는 아이템이다. 독일제 모델이 유명하지만, 같은 시기에 같은 물건이 세계 각국에서 사용되었기 때문에, 독일의 전매특허라고는 할 수 없다(일본해군의 「관측경」이란 기기도 같은 범주의 장비이다).

　원래 용도는 "포탄의 발사지점에서, 아주 멀리 떨어져 있는 착탄지점을 관측하기 위한" 물건이었으나, 저격 당하거나 탄이 날아올 위험이 없는 지역에서는 카메라에서 사용하는 삼각대로 안정시킨다. 중량이 상당히 무겁기 때문에 삼각대와 세트로 사용하는 것이 일반적이지만, 그냥 쌍안경 대신 사용할 때는 그대로 사용하여도 문제는 없다. 본체와 삼각대는 전용 케이스에 수납해서, 어깨에 매거나 등에 짊어지고 운반한다.

　일반적인 쌍안경으로 사용할 경우에는 「게눈」부분은 닫혀있는 상태이지만, 멀리 있는 목표까지 정확한 거리를 계측할 경우에는, 게눈 부분을 열고 사용한다. 이것은 양쪽 눈의 간격이 넓은 = 시차가 있는 상태가, 거리계측의 오차가 적기 때문이다. 시차를 사용하여 거리를 측정하는 방법은 군함의 주포나 야전용 대포를 사격할 때도 자주 사용되지만, 독일군은 판터 전차의 개량형에 탑재하는 등 의욕적으로 사용하였다.

정식 명칭은 「페리스코프」

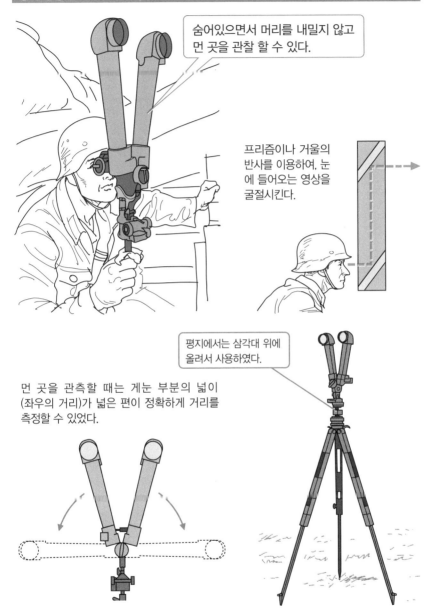

숨어있으면서 머리를 내밀지 않고
먼 곳을 관찰 할 수 있다.

프리즘이나 거울의
반사를 이용하여, 눈
에 들어오는 영상을
굴절시킨다.

평지에서는 삼각대 위에
올려서 사용하였다.

먼 곳을 관측할 때는 게눈 부분의 넓이
(좌우의 거리)가 넓은 편이 정확하게 거리를
측정할 수 있었다.

원포인트 잡학상식

독일전차부대의 사진집에서 페리스코프를 사용하는 전차장을 볼 수 있지만, 전차부대에는 페리스코프가 지급되지 않았기
때문에 아군 포병대의 것을 뺏어왔다.

총탄의 탄약은 어떻게 보관되는가?

총기나 대포와 같은 무기는, 탄약이 없으면 아무짝에도 쓸모가 없다. 총기라는 카테고리 안에는 기관총이나 라이플, 권총 등 다양한 종류가 있고, 여기에 같은 라이플이라 하더라도, 보통탄, 철갑탄, 예광탄 등 다양한 종류의 탄약이 존재한다.

● 기본은 「상자에 넣어서」보관

총포를 사용하는 싸움에서는, 사용한 만큼 탄약을 보급해야 할 필요가 있지만, 후방에서 생산된 탄약은 상자에 포장된 상태로 전선으로 보내진다. 전장에서 필요로 하는 탄약의 종류나 양은 매일 시시각각으로 변하기 때문에, 도착한 탄약은 일단 「보급처」라는 장소에 모아둔다. 여기서 배급조절을 하는 것으로, 필요한 전장에 필요한 만큼의 탄약을 효율적으로 보낼 수 있다.

탄약은 구경에 따라 크기가 다르기 때문에, 상자에 넣었을 때에도 들어가있는 탄의 숫자는 다르다. 기관총용 대형탄은 1상자에 10발, 권총용 소형탄은 1상자에 50발 정도이다.

탄이 가득 차 있는 상자의 재질은 종이이거나 발포 스티로폴이며, 상자 여러 개를 모아서 나무 상자에 포장하는 경우가 있다. 전선의 전투부대에 보내지는 탄약의 경우—특히 기관총 탄약 등은 바로 사용할 수 있도록, 처음부터 탄약 벨트에 100~200발 단위로 세팅된 상태에서 탄약상자에 넣어둔다.

탄약상자는 탄약의 운반 이외에도, 기관총의 급탄구 근처에 장착 할 수 있다. 기관총은 장시간 연속사격이 가능한 반면, 어설트 라이플과 같은 탄창교환을 통한 탄약공급이 불가능하다. 탄약 벨트를 탄약 상자째로 세팅해 놓으면, 탄약이 떨어졌을 때에도 신속하게 대응 할 수 있는 것이다.

탄약의 포장은 대량이면서 종류가 많기 때문에, 사이즈나 중량이 규격화된 후에 상자의 바깥쪽에는 식별용으로 마킹을 해 놓는다. 구체적으로는 탄약의 구경이나 탄종, 수량과 로트넘버 등이 **스텐실**로 되어있고, 이외에도 포장의 중량이나 용적도 적혀있어서 운반할 때 도움이 된다.

미군이 강한 것은, 물론 무기나 병기가 신식이거나 병력이 윤택한 것도 그 이유 중 하나이지만, 무엇보다 이러한 보급이 원활하게 이루어지는 것을 중시하고, 원활한 보급을 실현하는 점이 가장 크다고 할 수 있겠다.

탄약은 상자에 담아서 보관한다

> 전투에서는 탄약을 소비한다.
>
> ⬇
>
> 소비한 만큼 탄약을 보충하지 않으면
> 계속 싸울 수 없다.

필요한 장소에 필요한 만큼의 탄약을 보급 할 수 있도록,
탄약은 「탄약상자」에 넣어서 관리한다.

권총용 탄약	기관총용 탄약

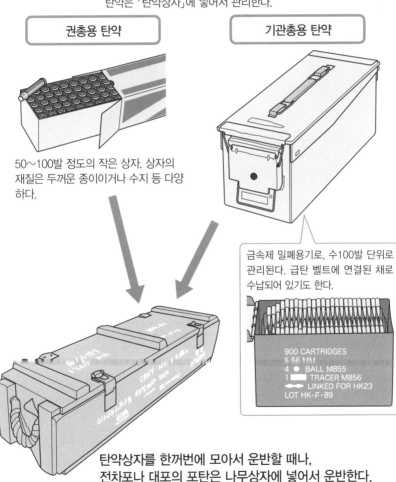

50~100발 정도의 작은 상자. 상자의
재질은 두꺼운 종이이거나 수지 등 다양
하다.

금속제 밀폐용기로, 수100발 단위로
관리된다. 급탄 벨트에 연결된 채로
수납되어 있기도 한다.

```
900 CARTRIDGES
5 66 MM
4 ● BALL M855
1 ▬ TRACER M856
◄━━▶ LINKED FOR HK23
LOT HK-F-89
```

**탄약상자를 한꺼번에 모아서 운반할 때나,
전차포나 대포의 포탄은 나무상자에 넣어서 운반한다.**

제 1 장 ● 전투기의 구조와 장비

원포인트 잡학상식

탄약과 「탄창(매거진)」은 별도로 보급되기도 한다. 이 때문에 「탄약은 잔뜩 있는데 탄창이 부족하다」라는 사태도 발생한다.

군용 트럭은 민간용 차와 어떻게 다른가?

전선의 보급기지로 물품을 가득 싣고 운반하거나, 점령지에 무장한 병사를 보내는 등, 군대와 트럭은 뗄래야 뗄 수 없는 관계이다. 그러나 군용 트럭이라 하더라도 녹색 도장이나 위장 처리가 된 정도이고, 겉보기에는 민간용 차량과 큰 차이가 없다.

● 베이스는 주로 민간용 차량

군대에서 사용되는 수송용 트럭은, 기본적으로 민간의 트럭을 베이스로 사양변경이나 소규모 개조가 들어간 것이다. 그러나 "통일 사양의 차량을 대량으로 조달해야만 하는" 육군의 숙명으로, 그 당시의 민간 최신타입보다 다소 구식 차량인 경우가 많다.

자위대의 트럭은 부대원들 사이에 「1톤반」, 「3톤반」으로 불리지만, 이 「1톤반 트럭(1 1/2t라고 표기한다)」이란 민간에 이야기하는 2톤 트럭 클래스의 차량이다.

민간차량(베이스 차량)보다 적은 탑재량이 차 이름으로 붙어 있는 이유는, 험로나 산길을 주행하거나, 무기와 같이 취급에 주의가 필요한 물품을 탑재할 때에 기준이 되는 「표준적재량」에서 차량의 이름이 유래되었기 때문이다. 당연히 평지의 포장도로를 주행할 때는 차량의 최대성능의 탑재량을 발휘할 수 있어서, 3톤반 트럭의 경우 공칭 5~6톤의 화물(인원의 경우 22명)을 운반할 수 있다.

수송트럭은 연료나 탄약 병사의 식량, 야영용 물자나 기재 등을 싣고서 주둔지나 집적거점까지 운반하는 것이 임무이지만, 병사 그 자체도 운반대상이 되는 경우가 있다. 자기완결이 요구되는 군대라는 조직은 설비시설도 알아서 해결해야 할 필요가 있어서, 물자인원의 이동에도 막대한 차량이 필요하다. 그리고 물자수송용 차량과 인원수송용 차량을 별도로 운용하는 것은 효율적이지 못하기 때문에, 정비나 조달의 문제에서도 이러한 장비를 통일시키는 것이 바람직하다.

인원을 수송할 때는, 병사들은 짐칸 좌우에 달려있는 「벤치」에 앉아서 이동한다. 장거리 버스와 같이 진행방향을 보고 있는 의자가 아닌 것은, **배낭**과 같은 장비를 쌓아둘 공간의 확보나, 신속한 승하차를 고려한 결과라고 할 수 있겠다.

대면식 벤치는 타는 인원들을 피곤하게 만들지만, 이러한 것은 이미 계산이 되어있어서 이동이 끝나면 기본적으로 휴식을 취한다.

보급의 주역

> 군에서 사용되는 트럭은 독자적으로 개발된 것이 아닌,
> 민간 차량을 차용한 것이 많다.

게다가 수송용 차량은 대량조달이 원칙이기 때문에,
구식화 되어도 간단하게 교환하기 어렵다.

●보닛형 트럭

제2차 세계대전 이후 한
동안은, 코가 긴 타입이
주류였다.

짐칸은 무기를 포함한 다양한 것을 실을 수
있도록, 일부러 포장을 채용한다.

●70년대 모델인
「1톤반 트럭」

차체는 구급차나 통신
지프 유용되어, 힘겨히
게 비용절감을 하였다.

원포인트 잡학상식

지프와 같은 경차량에는 일부 방탄사양 차량이 존재하지만, 방탄 트럭의 개발에는 모든 군대가 소극적이다. 그 이유는 장갑화를
하게 되면 가장 중요한 수송능력이 저하하는 것과, 무엇보다 최전선에서의 활약을 상정하고 있지 않기 때문이다.

「하프 트럭」은 어떤 것이 절반인가?

차체를 반으로 나누어서 앞 부분은 보닛 타입의 트럭이지만, 뒷 부분은 장갑처리가 된 짐차에 캐터필러가 붙어 있는 군용 차량이 있다. 지금은 사라져서 볼 수 없는 타입의 차량이지만, 이러한 종류의 것을 「하프 트럭」이라고 부른다.

● 주목해야 할 부분은 뒷바퀴

제2차 세계대전 때에는, 자동차대국인 미국을 제외한 각국에는 자동차가 거의 보급되어 있지 않았다. "입수가 용이" 하다는 자동차의 장점을 그렇게까지 크게 살리지 못하였기 때문에, 일부 육군에서는 전차나 장갑차의 캐터필러 기술을 전용할 수 있는 「하프 트럭」이라는 군용 차량을 채용하였다.

하프 트럭이란 절반(하프) 트럭이란 뜻이 아니다. 이 경우 트럭이란 "캐터필러"를 가리키는 것으로, 반궤도차(하프 캐터필러)라는 의미가 있다(정확히는 트럭truck이 아닌 트랙track이지만 일본어로 트럭과 트랙이 전부 トラック으로 표기되기 때문에 이러한 혼란이 생겼다). 당시에는 어느 정도 장갑을 갖추고 정비되지 않은 길을 달릴 수 있는 능력을 가지고 있는 차량을 제작하려면, 이러한 형식의 차량이 싸고 효율이 좋았다. 하프 트럭은 특히 기동력을 중시한 독일에서 주로 생산하였고, 그 다음으로 미국이 생산하였다.

하프 트럭은 보병의 이동이나 탄약의 수송 등, 다양한 용도로 사용할 수 있는 범용성이 높은 차량으로 여겨졌다. 특히 차체의 뒷 부분이 캐터필러라는 점은 정비되지 않은 길에서의 기동력(험로 주파성이라고도 한다)을 향상시켜서, 장갑 병원兵員 수송차에는 미치지 못하였으나 일반적인 트럭보다는 매우 유리하다고 할 수 있겠다.

전체 캐터필러식인 장갑차나 견인차에 비교하여 유리한 점은, 튼튼하며 구조가 경량화 되어있다는 점과, 이에 따른 비용절감이다. 트럭과 같은 부품을 사용하기 때문에 수리부품을 간단하게 구할 수 있고, 고장도 잘 나지 않는다.

그러나 이에 비하여, 기갑부대의 캐터필러 차량부대와 같이 운용하려 하면, 아무래도 캐터필러의 사이즈를 전차나 장갑차에 가깝게 만들어서 험로 주파성을 높일 필요가 발생하기 때문에, 장점이었던 「생산성」이 없어져 버리는 딜레마에 빠지게 되었다.

게다가 캐터필러 차는 선회를 할 때 변속기 역할을 하는 부품에 걸리는 부담이 크기 때문에, 미국제 하프 트럭은 앞 바퀴 부분에서 조향이 가능한 구조로 제작되어 이 문제를 해결하였다.

트럭과 캐터필러 차량의 장점만 모았다

하프 트럭이란 「절반 트럭(Half-Truck)」이란 의미가 아닌,
「반궤도차(Half-Track)」란 의미이다.

캐터필러로 인하여 길이 험한 전장도
달릴 수 있기 때문에, 기관총이나 소형
포를 장착하고 있는 것도 존재한다.

짐칸에는 병사를 태우거나
무장을 싣는다.

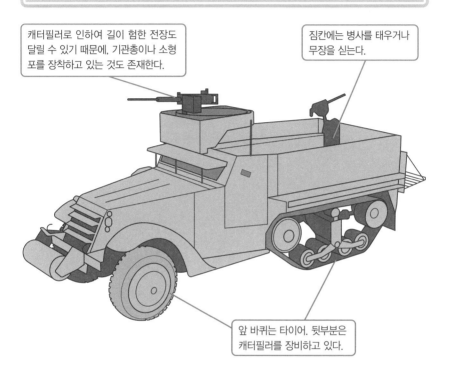

앞 바퀴는 타이어. 뒷부분은
캐터필러를 장비하고 있다.

캐터필러가 큰 모델은 견인력이
크기 때문에, 중량물 운수용 견인차
(트랙터)로서 사용되었다.

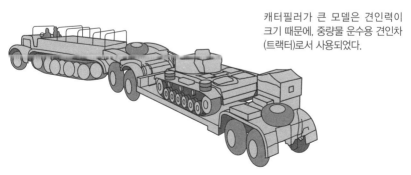

원포인트 잡학상식

제2차 세계대전 때는 미국이나 독일에 의하여 대량 운용된 하프 트럭이지만, 전후에는 급격한 자동차사회의 발달로 일반 트럭이
하프 트럭에 비하여 생산도 조달도 간단해졌기 때문에, 하프 트럭은 사라졌다.

지프는 험한 산길도 문제 없다?

「지프(Jeep)」는 소형 4륜 구동차의 대명사인 브랜드이다. 제2차 세계대전 때 미군의 요청에 의하여 메이커가 개발한 것으로, 높은 내구성과 뛰어난 험로주파성이 특징이다.

● 길이 아닌 길을 달린다

제2차 세계대전 초반에 독일이 폴란드를 침공할 때 사용한 『퀴벨바겐』이라는 차량의 활약에 주목한 미군은, 130개가 넘는 자동차 제조회사에 「4륜 구동의 정찰 수송용 군용차」개발을 타진하였다. 그리고 유럽이나 러시아에서 평가시험을 치른 후, 1942년부터 막대한 양의 지프가 대량으로 생산되어, 전장으로 보내지게 되었다.

대전 중의 미국은 다른 나라보다 먼저 연발식 라이플인 『M1 개런드』를 투입한 것으로 유명하지만, 이 역시 대량의 탄약을 신속하게 전선으로 보낼 수 있는 지프가 있었기에 가능한 일이었다. 라이플이나 기관총을 열심히 사격해서 보유 탄약이 적어지면, 지프가 달려와서 추가 탄약을 보급해 주었다.

지프는 4륜 구동 차량이다. 보통 차는 앞이나 뒤 어느 한쪽의 타이어에만 엔진의 동력이 전달되는 "2륜 구동"이지만, 4륜 구동의 지프는 엔진에서 동력을 앞뒤 양쪽의 타이어에 전달해 주기 때문에, 험난한 노면이나 산길도 문제없이 달릴 수 있다. 이러한 차량의 존재는 "필요한 장소에 신속하게 물자를 전달한다"라는 보급적 측면 하나만 놓고 보더라도, 연합군을 승리로 이끈 커다란 역할을 수행하였다고 할 수 있겠다.

현재 지프는, 더욱 힘이 좋은 후속차량인 『험비』로 교체되었다. 험비는 지프보다 한 단계 더큰 차량으로, 병사 수송트럭의 역할이나, 기관총이나 연발식 그레네이드 런처와 같은 중화기를 탑재하는 플랫폼으로서의 역할을 겸하고 있다.

옵션 부품이나 개조키트가 다수 존재하며, 험비 한 종류에 여러 가지 차량의 역할을 같이 수행하게 만드는 것으로 쉬운 정비와 용이한 부품조달을 목표로 하고 있다. 그러나 원래 역할이 「지프를 대신한 범용소형차량」이기 때문에, 방탄 험비와 같은 일부 모델에 있어서는 운용하는 데 있어 무리한 점이 드러나고 있다.

소형 4륜구동차의 대명사

> 제2차 세계대전 중에 등장한 지프는, 정찰과 연락용이나
> 경물자 운반용 차량으로서 크게 활약 하였다.

● 미국 공업력의 상징 「지프」

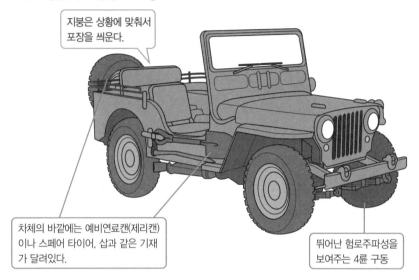

지붕은 상황에 맞춰서 포장을 씌운다.

차체의 바깥에는 예비연료캔(제리캔)이나 스페어 타이어, 삽과 같은 기재가 달려있다.

뛰어난 험로주파성을 보여주는 4륜 구동

● 지프의 뒤를 잇는 「험비」
  (High-Mobility Multipurpose Wheeled Vehicle = HMMWV)

지프의 기동성에 더하여, 물자운반능력이나 안정성이 향상되었다. 소형 병사 수송차로서도 사용된다.

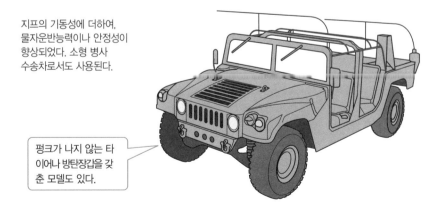

펑크가 나지 않는 타이어나 방탄장갑을 갖춘 모델도 있다.

원포인트 잡학상식

험비는 「허머Hummer」라는 이름으로도 알려져 있으나, 이것은 민간사양을 포함한 이 차량의 본래 이름이다.

트레일러의 장점과 단점은?

지프나 트럭과 같은 차량을 대량으로 배치하는 것을 전제로, 신속하게 전선부대에 물자를 보내는 것이 가능하지만, 그렇다고 하더라도 전황에 따라서는 숫자가 모자라는 경우도 있을 수 있다. 이러한 경우에 사용되는 것이 「트레일러」이다.

● 사용하려면 숙달과 경험(훈련)이 요구 된다.

트레일러란 **지프**나 **트럭**과 같은 차량에 견인되는 「짐차」를 가리킨다. 지프와 같은 소형 차량에 견인되는 트레일러는 2바퀴 손수레와 같은 형태를 하고 있는 것이 많지만, 대형 차량에 견인되는 트레일러는 트럭의 짐칸이나 후부차체 그 자체가 독립이 된 것과 같은 형태를 하고 있다.

견인차(트랙터)와 트레일러는 핀 모양의 고정기구로 연결되어 있어서, 이것을 기점으로 차량을 좌우로 흔들 수 있다. 차량의 전장은 「견인차 + 트레일러의 길이」가 되지만, 연결부분이 좌우로 굽혀지기 때문에, 일반적인 롱 바디 트럭에 비하여 작은 반경으로 선회나 U턴−좁은 장소에서도 회전을 할 수 있는 것이 특징이다.

적재량이 부족하면 트레일러를 대형으로 만들면 되기 때문에, 차량 전체의 재설계를 하지 않아도 된다는 장점이 있다. 여기에 서두르는 경우에는 화물을 싣고 내리는 일 없이, 트레일러만 바꿔서 다른 트레일러를 연결하면 된다.

반면, 일반적인 롱 바디 트럭과는 운전 감각이 다르기 때문에, 드라이버에게는 독자적인 능력이 요구된다. 특히 후진을 하기가 어렵고, 기능교습에도 상당한 기간이 걸린다. 똑바로 후진하는 것만으로도 어려운데, 횡렬주차와 같이 바로 옆으로 이동하려 하면 전진과 후진을 반복해야만 한다.

그냥 운전을 하고 있기만 해도 트레일러는 독자적인 거동을 보인다. 그 중에서도 주의해야 하는 것이, 급 브레이크나 급작스런 핸들조작을 했을 때 제동시간에 차이가 있는 트레일러가 트럭을 밀면서 생기는 「잭 나이프」현상이나, 정지할 때 트레일러의 뒷바퀴가 미끄러져서 연결부분을 축으로 앞쪽으로 밀려나가는 「트레일러 스윙」현상, 스피드가 붙은 상태에서 커브에 진입하였을 때 원심력으로 트레일러가 앞의 차량과 일직선이 되어버리는 「프라우아웃(트랙터 프론트 록킹)」과 같은 현상이 있기 때문에, 사고의 주요 원인이 되고 있다.

트레일러의 거동

트레일러는 차량의 탑재량을 간단하게 늘릴 수 있는 방법으로 매우 유용하다.

트레일러의 거동은
같은 길이의 트럭과는 사뭇 다르다.

운전에는 독자적인 능력이 필요하다.

지프나 2톤급 트럭에
견인되는 트레일러

잭 나이프 (트랙터 록킹 현상)

견인차가 무거운
트레일러에 밀려서……

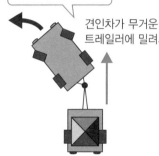

「ㄱ 자」로 꺾인다.

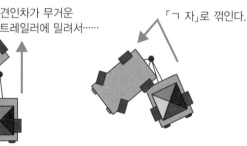

프라우아웃(트랙터 프론트 록킹 현상)

브레이크를 밟을 때 트레일러의 후륜이
미끄러져서 전방으로 밀려오는 현상

트레일러 스윙(트래일러 록킹 현상)

커브의 원심력에 의하여 트레일러가
도로 밖으로 나오는 현상

원포인트 잡학상식

전차의 장거리수송에 사용되는 「탱크 트랜스포터」도, 일반적으로 트레일러 타입이다.

군용 오토바이는 정찰전용이다?

오토바이는 제2차 세계대전 때부터 군용으로 사용되었다. 소형이면서 험로주파성이 높기 때문에, 주로 정찰이나 연락이 주된 역할이었지만, 지금도 무선이 고장 난 경우에는 전령이 사용한다.

● 오토바이와 사이드카

제2차 세계대전에서는 오토바이가 병사들의 이동수단으로서 이용되었다. 그러나 군용 오토바이라 하더라도 군 전용으로 설계가 된 것은 아니고, 시판하는 오토바이에 도장을 다시 하거나 살짝 개조해서 사용하는 것이 기본이었다.

개조의 내용은 단순한 것으로, 넘어져도 엔진이나 서스펜션에 데미지가 가지 않도록 「롤바」를 추가하거나, **무전기**나 짐을 실을 수 있는 「캐리어(짐칸)」를 장착하는 정도였다. 엔진의 배기량(파워)은 너무 작으면 속도나 험로에서의 기동성에 한계가 드러나기 때문에, 적어도 250cc는 필요하다고 하여, 일반적이었던 것이 750cc정도였다.

당시에는 **지프**와 같은 차량이 일반화되기 이전이었기 때문에, 오토바이는 이동뿐만 아니라 전투에도 이용되었다. 그러나 엔진이나 운전자의 "급소"가 자동차보다 더 노출되어 있기 때문에, 적의 총탄이나 포탄 파편에 대해서 너무나 약하였다. 짐을 실을 수 있는 공간도 적었으며, 인원도 1~2명 밖에 탈 수 없었기 때문에 부대의 이동용으로 사용하기에는 적합하지 않았다.

또한 오토바이는 저속에서의 안정성이 나쁘다는 특징이 있다. 그 때문에 주행을 하면서 사격을 하면 명중률이 나빠진다. 운전자는 균형을 잡는데 힘쓰기 때문에 조준을 하기 힘들고, 동승자가 사격하는 경우라도 차체 흔들림의 영향을 강하게 받는다.

그래서 「측차」라고 불리는 부품을 장착한 오토바이 인 「사이드 카」가 사용되게 되었다. 사이드카를 이용하면 차륜이 합계 3개가 되기 때문에 안정성이 증가하고, 기관총과 같은 무기도 사용할 수 있게 되었다.

사이드카에 높은 사람을 태우고 전선정찰에 사용하는 등, 도로정비가 진행된 유럽에서는 나름 활약을 하였지만, 사이드카는 오토바이의 최대 장점인 "험로주파성능"을 없애기 때문에, 현재의 군대에서는 찾아 볼 수 없다.

군용 바이크의 사용법

오토바이는 기동성이 좋고 속력도 빠르지만……

●영국의 군용 오토바이 「트라이엄프」

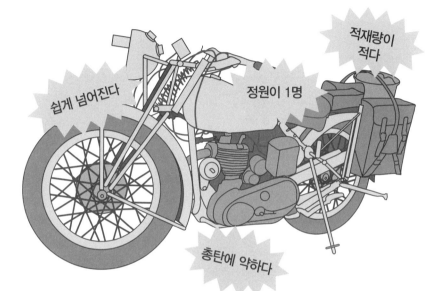

쉽게 넘어진다

적재량이 적다

정원이 1명

총탄에 약하다

속도와 기동성을 살리려 한다면,
아무래도 정찰이나 연락이 주 임무가 된다……

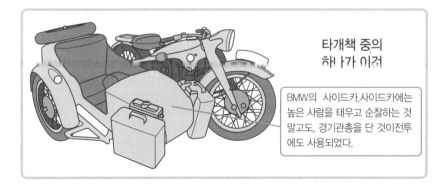

타개책 중의
하나가 이거

BMW의 사이드카.사이드카에는
높은 사람을 태우고 순찰하는 것
말고도, 경기관총을 단 것이전투
에도 사용되었다.

원포인트 잡학상식

사이드카를 즐겨 사용한 것은 독일군과 일본군이다. 지프를 대량생산해서 연락이나 수송에 사용하였던 미국이나 영국
등에서는 그렇게 흥미를 보이지 않았다.

캐터필러식 오토바이의 정체는?

자동차와 오토바이의 운전기술은 전혀 다르기 때문에 「오토바이는 운전 할 수 있어도 자동차는 운전하지 못한다」 라는 병사도 많았다. 그래서 오토바이의 조작기술을 이용하여, 지프에 가까운 차량을 움직일 수 있지 않을까 라는 생각이 나왔다.

● 독일이 만들어낸 소형 범용 캐터필러 차

제2차 세계대전 중기 이후, 독일군은 화포나 짐 등을 견인하는 소형 캐터필러 차량을 대량으로 조달하려 하였다. 이러한 와중에 등장한 것이, 오토바이와 트럭이 합체한 것과 같은 외장을 한 『케텐그라드Kettenkrad』이다.

당시에 전차 등을 포함한 캐터필러차를 운전하는 방법은 2개의 레버를 조작하는 방식으로, 조종감각이 독특하였다. 이에 비하여 케텐그라드는, 오토바이의 핸들을 좌우로 조작하는 것으로 좌우 캐터필러의 속도차이가 발생하여, 이에 따라 방향을 바꾸는 구조로 되어있었다. 핸들을 좌우로 돌리면 회전할 수 있기 때문에, 당시의 독일에 많이 있었던 "오토바이의 운전기능 밖에 가지고 있지 않던 병사"는 오토바이 감각으로 케텐그라드를 운전할 수 있었다.

방향전환은 어디까지나 좌우 캐터필러의 속도차로 이루어 지기 때문에, 설사 앞 바퀴가 터지더라도 잘 움직였다. 그러나 어느 정도의 속도로 방향을 바꾸려 한다면, 타이어 부분의 노면저항이란 것도 무시할 수 없는 요소이다. 트랙터로 사용해서 목가적인 속도로 느긋하게 이동을 한다면 문제될 것은 없지만, 전투도 할 수 있는 오토바이형 차량으로 본다면 전륜 부분은 매우 중요한 부품이라 할 수 있다.

케텐그라드는 글라이더를 사용하여 공수작전에 투입되거나, 산악지대에서 사용하기 위한 범용견인차로서 개발되어, 일정량이 생산되었다. 이후 전국의 변화에 의하여, 독일군은 공수작전을 하지 않게 되었으나, 소련으로 침공을 한 동부전선에서는 눈이 많이 내린 지대나 눈이 녹은 진창 등, 오토바이나 사이드카가 옴짝달싹 할 수 없는 열악한 노면환경으로 인하여 「수송 및 연락용 차량」으로서 활약하였다. 전후, 이러한 타입의 차량이 새로 개발되었다는 이야기는 없지만, 소형설상차인 이른바 「스노 모빌」은 케텐그라드의 사상을 계승하여, 군용으로서도 사용되고 있다.

케텐그라드

케텐그라드란 캐터필러의 견인력과 험로주파성능을 활용한
범용소형차량이다.

「케텐그라드의 장점」이라 이야기 되는 것은……

핸들에 노면의 상태가 전해져 온다.
= 오토바이를 타는 사람이 운전하기 쉽다.

각도가 약한 방향전환이라면 앞바
퀴로 한다
= 캐터필러에 부담을 줄여준다.

오토바이 앞 바퀴의 길이만큼만 차체가
길어진다.
= 구멍이나 구덩이를 쉽게 넘을 수 있다.

뒷부분에는 병사 2명을 태우는
것이 가능한 것 이외에도, 짐을
실은 트레일러 등을 견인하는
것도 가능하다.

원포인트 잡학상식

케텐그라드는 역시 많은 부분에서 어중간한 것이 눈에 띄었는지, 제작 당사국인 독일을 비롯한 어느 나라에서도 후계차량이
개발되지 않았다.

전쟁터에서 급유작업은 어떻게 이뤄지는가?

전차나 트럭은, 휘발유나 경유와 같은 연료를 보급하지 않으면 움직이지 않는다. 전장에 주유소가 있는 것도 아니기 때문에, 필요한 연료는 드럼통에 넣어서 전선까지 운반할 필요가 있다.

● 연료휴대용 캔으로 전선까지 운반한다

인원이나 물자의 운반이나 중량물의 견인 등에 말이나 소를 사용했던 예전과는 달리, 현재에는 트럭과 같은 차량이 수송수단의 주역이 되었다. 모든 차량을 움직이기 위해서는 연료가 필요하여, 이러한 연료를 확보하는 것은 중요한 문제이다. 특히 캐터필러로 달리는 차량은 "대식가"라고 불리며, 대량의 연료를 소비한다.

불확정요소를 믿고 보급계획을 세울 수는 없는 노릇이지만, 적의 연료를 노획해서 계속 보급을 하는 것과 같은 계획은 세울 수 없다. 그래서 스스로 연료를 운반해 와서 현지에서 급유를 하게 되지만, 이 때 사용되는 것이 「드럼통(드럼통)」이라는 금속제 통이다.

드럼통의 용량은 대략 200리터 정도로, 연료의 운반과 보관을 동시에 할 수 있다. 탱크로리와 같은 차량을 사용하면 연료를 한번에 대량으로 운반할 수 있지만, 보급한 지점에서 연료를 옮겨 담아야 하는 번거로움을 생각하면 운반할 때 작게 나눠져 있는 드럼통 쪽이 효율적이라 할 수 있겠다.

그러나 드럼통은 보급지나 주준지에 쌓아두기에는 편리하지만, 차량으로 운반하기에는 그 크기가 컸다. 전차와 같은 경우에는 예비연료 탱크 대신에 차체에 매달기도 하였으나, **지프**와 같은 소형차량에는 전차와 같은 방법을 사용할 수 없었다.

이러한 문제에 대하여, 제 2차 세계대전 때의 독일군은 용량 20리터의 사각형 캔을 연료휴대용 캔으로 사용해서 대응하였다. 드럼통과 같이 굴려서 운반할 수는 없지만, 사이즈가 작기 때문에 병사 1명이 들 수 있어서, 지프나 트럭의 짐칸에 쌓기에도 좋았다.

이 휴대용 캔은 「제리캔」이라 불리며, 연합군이 금방 똑같은 것을 만들었다. 연료뿐만 아니라 물을 넣을 때도 사용하지만, 물통으로 사용되는 경우에는 연료와 혼동되지 않도록 표면에 흰색 십자가를 그려 넣거나, 흰색 테이프를 붙였다.

연료를 효율적으로 보급하기 위하여

트럭이나 전투차량에는 연료의 보급이 필수이다.

⬇

일부러 후방의 기지로 돌아가서 보급할 수는 없다.

➡**연료를 작게 나누어서 전선으로 옮기자!**

● 드럼통

용량 약 200리터.
중량 150~200kg 정도.
(안의 액체나 통의 두께에 따라
오차가 발생한다)

옆으로 눕혔을 때
사용하는 급유구

독일 것은 주입구가 새의 부리와 같은 레버식(캠
액션)이었지만, 미국에서 만든 복제품은 캡을 돌려서 여는
방식으로 되어있다.

● 제리캔

용량 약 20리터
중량 15 20kg 정도.

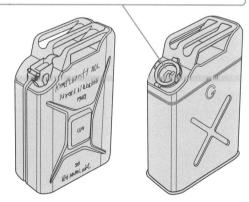

「제리캔」이라는 이름에는 "이 캔을 만든 것이 독일인(제리)이기 때문에"라는 것이 정설이다. 「독일인(제리)의 연료캔→제리캔」
이렇게 된 것이다.

흙 부대는 총탄도 막는다?

흙 부대란 튼튼한 천으로 된 자루에 「흙」이나 「모래」를 채워 넣은 것이다. 주로 전선에서 사용되는 방어용 자재로서, 발사된 라이플이나 기관총의 탄을 "꽉꽉 채워진 흙의 마찰"로 멈추게 만드는 것이다.

● 권총탄 같은 것으로는 관통불가

기관총진지 주변이나, 참호의 출입구 부근에 흙 부대가 쌓여있는 광경은, 전장사진이나 전쟁영화에서 자주 볼 수 있다. 흙 부대란 마나 합성섬유 자루(10~20kg 쌀자루 정도의 크기)안에 흙이나 모래를 채워 넣은 것으로, 진지 주변이나 중요한 장소에 쌓아두면 즉석으로 벽을 만들 수 있는 자재이다.

흙 부대가 방어용 자재로서 우수한 점은, 설치 장소까지 옮기는 것이 간단하다는 것이다. 가벼운 것이라도 10~20kg, 무거운 것은 하나에 40~50kg가까운 모래주머니를 "간단하게 운반 할 수 있다"라는 것에는 의심을 하지 않을 수 없지만, 흙 부대의 내용물은 흙이나 모래—즉 어디에나 있는 소재이기 때문에, 현지나 근처에서 채워 넣을 수 있다. 흙 부대는 설치하기 직전까지 「평범한 자루」에 불과하기 때문에, 결국 운반하는 것도 간단하다는 것이다.

흙 부대를 사용하면 아무것도 없는 장소에 즉석으로 벽을 만들 수 있다. 이 때문에 초원과 같이 시야가 탁 트인 공간뿐만 아니라, 시가전에서도 **바리케이드** 대용으로 사용된다. 물론 기존에 존재하는 방어벽—건물의 벽이나 전투차량의 장갑 등을 강화하는 목적으로도 많이 사용된다. 콘크리트(베톤)가 발라져 있는 「토치카」라 불리는 방어거점의 앞면에 쌓아두는 것 이외에도, 전차의 장갑강화를 목적으로 정면에 장착하거나, 방어력이 약한 뒷부분에 쌓아둔다. 특히 전차에 쌓아둔 흙 부대는 안에 들어가있는 흙이나 모래에 의하여 대전차포탄(HEAT)의 메탈제트를 막는 효과를 기대한 것이었다.

흙 부대를 높게 쌓는 경우, 균형이 무너져서 눈사태와 같은 일이 일어나지 않도록 금속이나 나무로 된 말뚝을 박아서 고정시킨다. 흙 부대 벽은 이외에도 홍수가 났을 때 물의 흐름을 막거나, 구멍이나 구덩이를 팔 때 벽이 무너지지 않도록 쌓아두는 등, 전장 이외의 상황에서도 잔뜩 사용된다.

필요할 때 간단하게 준비할 수 있는 것이 매력이다

부대에 가득 담겨있는 흙은 간단하게 총탄의 위력을 줄여주는 「방호벽」 역할을 한다.

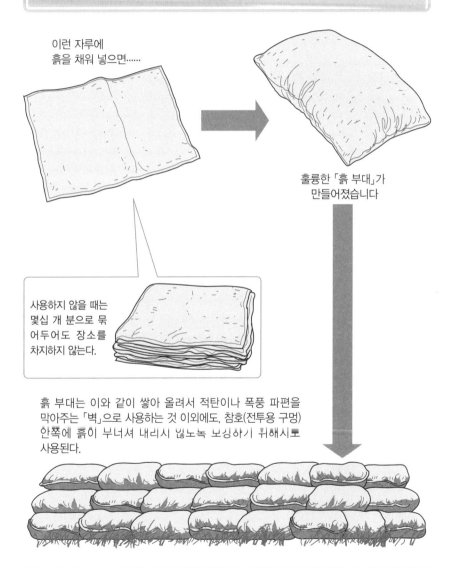

이런 자루에
흙을 채워 넣으면......

훌륭한 「흙 부대」가
만들어졌습니다

사용하지 않을 때는
몇십 개 분으로 묶
어두어도 장소를
차지하지 않는다.

흙 부대는 이와 같이 쌓아 올려서 적탄이나 폭풍 파편을
막아주는 「벽」으로 사용하는 것 이외에도, 참호(전투용 구멍)
안쪽에 흙이 부너져 내리시 싫노녹 보싱하기 위해시도
사용된다.

원포인트 잡학상식

흙 부대는 수해가 일어났을 때 방파제로도 사용된다. 이 경우, 안에 집어넣는 흙을 확보하는 것이 어려웠지만, 최근에는
흡수성이 높은 수지를 사용한 「젖으면 팽창해서 흙 부대(수지 부대?)가 되는」 상품이 등장하였다.

철조망도 여러 가지 유형이 있다?

기지나 진지, 혹은 수용소 주변에는 철조망이 깔려서, 적의 침입을 막거나 포로의 도주를 막고 있다. 대인용 장해 물로서 만들어진 철조망에는, 어떤 종류가 있는 것일까?

● 기본은 유자철선을 이용한 대인장해물

철조망이란 「유자철선有刺鐵線」이라는 자재를 깔아놓는 것으로 적의 침입을 막는 바리케 이드의 일종이다. 유자철선이란 가시나무와 같은 가시가 있는 철선을 가리키는 것으로, 가시철선이라고도 불린다.

유자철선에도 다양한 종류가 있어서, 펴져있는 철사의 개수나, 형태에 따라 구분된다. 철조망으로 만들었을 때 곧바로 펴지는 것은 비교적 부드러운 소재로 만들어진 것으로, 구부리기 쉬운 반면에 펜치와 같은 공구로 간단하게 절단되기 때문에, 장애물로서의 효과는 낮다.

잡아 당겨도 똑바로 펴지지 않고, 코일 모양으로 둘둘 말려서 나선모양을 하고 있는 타입의 유자철선은 스프링에도 사용되는 것과 비슷한 강철 소재를 사용하고 있기 때문에, 전용 와이어 커터와 같은 기구를 사용하지 않으면 절단 할 수 없다. 코일 형태의 철조망은 직선으로 구성된 울타리형 철조망보다 빠져나가기 힘들고, 설치하는데도 손이 적게 간다.

리본모양의 금속날을 이용한 것은 「레이저 와이어Razor Wire」, 「레이저 에지Razor Edge」라 고 불리며, 유자철선과 같이 "가시가 찌르는" 것이 아닌, 닿으면 날로 찢는 것을 목적으로 하고 있다. 이 타입은 제1차 세계대전 때부터 사용되어, 일반적인 유자철선보다 대인 효과가 더 높지만, 재질에 스테인리스를 사용하고 있기 때문에 다른 것에 비하여 비용이 많이 들었다.

철조망은 통나무와 나무판을 사용하여 일반적인 울타리를 만드는 것 보다, 가볍고 부피 가 작은 자재로 만들어져 있다. 또한 철사이기 때문에 주위에 작렬하는 포폭격의 폭풍을 받아도 흘리기 때문에, 쉽게 부서지지 않는 장애물이었다.

울타리형 이외의 철조망에는, 통나무와 섞어서 피라미드 모양으로 늘어놓아서, 그 사이 에 유자철선을 깔아놓은 것도 있다. 이 방법이라면 지면에 말뚝을 박을 필요가 없으며, 설 치한 이후에도 이동시킬 수 있다.

유자철선과 철조망

제2차 세계대전에서 사용된 유자철선

▲ 영국군의 2개 타입

▲ 독일군의 1개 타입

금속판을 자른 레이저 와이어라는 판 모양의 것도 있었다.

※소재는 둘째치고, 형태에 있어서는 현재의 유자철선도 당시의 것과는 상당한 차이가 있다.

철조망의 종류

울타리형

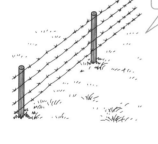

만드는 것은 간단하지만 쉽게 돌파 당한다. 시간이나 인원에 여유가 있다면 지붕형으로 강화한다.

지붕형 이나 코일형

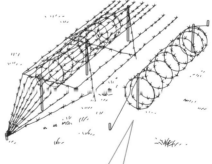

코일형은 설치나 철수가 간편하며, 전용공구를 사용하지 않으면 돌파하기가 어렵다.

철조망은 보병이 와이어 커터를 사용하여 돌파를 했지만, 오늘날에는 포폭격으로 날라가 버리는 경우가 많다.

어떤 바리케이드가 잘 뚫리지 않는가?

바리케이드란 인간이나 차량의 침입을 방지하기 위한 「방호벽」이다. 건물의 내부에서 농성을 하는 인간이 입구에 의자나 테이블과 같은 가구를 쌓아 올려서, 안으로 들어갈 수 없도록 해놓은 것도 일종의 바리케이드라고 할 수 있다.

● 철조망이나 차량(전차)막이나

대인용 바리케이드로서는, 유자철선과 말뚝을 조합하여 만드는 철조망이 유명하다. 제1차 세계대전에서는 이 철조망과 참호가 합쳐져서 방어선이 구축되었는데, 이 방어선을 힘으로 돌파하려고 전차가 만들어졌다.

대인용 바리케이드는 강철 덩어리인 전차에는 무력하다. 그래서 전차를 막기 위한 대전차 바리케이드가 고안되었다.

광대한 범위에 걸쳐서 전차가 사용된 유럽의 전장에서는, 비교적 간단하게 입수할 수 있는 「철도 레일과 철판」을 사용하여 삼각추형으로 만들어서 용접한 것을 사용하였다. 이외에도 콘크리트를 방파제 모양으로 성형한 것도 있었으나, 철도 레일을 용접한 것과는 달리 옮길 수 없었기 때문에, 주로 요새나 연안의 방어거점에 사용되었다.

전차 바리케이드에 있어서는 거대한 「콘크리트 블록」이나 「큰 바위」등이 효과가 있다. 전차포는 튼튼한 장갑을 꿰뚫을 수는 있어도, 속이 차있는 자연소재를 부수는 것은 어렵기 때문이다.

한국군은 북위 38도선 부근의 도로에 거대한 콘크리트 덩어리를 배치해서 북한기갑부대의 진격을 방지하기 위한 방비를 갖추고 있다. 작은 콘크리트 덩어리 위에 큰 콘크리트 덩어리를 겹쳐놓은 것을 준비해두고, 유사시에는 작은 콘크리트를 폭파시킨다. 그러면 위에 올려져 있던 큰 콘크리트가 넘어져서 도로를 봉쇄하는 것이다. 콘크리트 덩어리는 차량 전반에 걸쳐서 효과가 있기 때문에, 이라크의 군사시설에는 자폭용 자동차 방지용으로 콘크리트제 바리케이드가 설치되어 있다.

흙 부대나 「모래나 물을 채운 드럼통」역시 바리케이드로서 효과를 발휘하지만, 소규모 게릴라가 은밀하게 침투를 해오는 경우에는, 역으로 총격전의 차폐물을 제공해주는 꼴이 된다. 이러한 경우에는, 철골을 조립한 것이거나 유자철선 울타리와 같은 장해물 쪽이 더욱 효과적인 경우가 있다.

상대가 지나가지 못하도록 막는 것이 「바리케이드」

사람을 막는 대인용 바리케이드

"기어올라서 넘어야"만 하는 「펜스」와 같은 것이 효과적이다. 「유자철선」으로 보강하는 것도 잊지 말자.

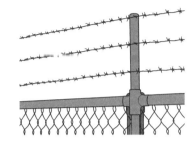

차량을 막는 차량용 바리케이드

통나무를 엮거나 흙 부대를 쌓는 등, 크기나 무게가 충분한 것이 바람직하다.

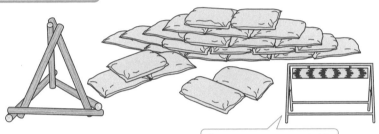

「바리케이드」이지만, 이것은 "지나가지 말라"라는 의사표시 정도로 밖에 사용할 수 없다.

전차를 막는 대전차용 바리케이드

전차는 튼튼하고 무겁기 때문에, 철로 레일을 합쳐서 용접한다.

적의 진격이 예상되는 장소나 중요거점 등에는, 사전에 콘크리트로 만든 전차 막이가 설치된다.

원포인트 잡학상식

최근 몇 년 간의 대테러 전쟁에서는 자폭 테러차량을 방지하기 위해서, 전차 막이가 아닌 「차량 막이」가 검문소나 도로에 많이 설치된다.

포로를 속박하는 방법은?

적대 세력의 구성원을 잡았을 때는, 무언가의 수단으로 자유를 속박할 필요가 있다. 감옥 같은데 가둬두면 문제 없지만, 탈주를 계획하는 불온한 자들이나 속박장소를 이동할 때에는, 특히 주의 해야 한다.

● 손이나 발의 자유를 뺏는다

포로를 속박하기 위해 가장 많이 쓰이는 아이템이라 한다면 「수갑」이다. 수갑이란 양 손목에 끼워서 팔의 자유를 빼앗는 속박 도구의 일종으로, 2개의 금속제 고리를 쇠사슬로 연결한 것이 일반적이다.

쇠사슬 부분은 간단하게 절단되지 않도록, 열처리를 하거나 특수합금으로 만들어 지기도 하지만, 이 부분이 접이식 힌지로 되어있는 수갑도 있다. 접이식 수갑은 휴대할 때 쇠사슬 소리가 나지 않아서 편리하기 때문에, 치안기관 등에서 즐겨 사용한다.

수갑에 대응하는 「족쇄」는 노예의 족쇄를 연상시켜서인지, 그렇게까지 적극적으로 사용하지는 않는다. 족쇄를 사용하는 경우는 탈주를 시도한 자에 대한 일시적인 처치이거나, 다른 포로에 대한 본보기인 경우가 많다.

양손의 자유를 뺏는 것만 생각한다면 무리하게 손목 전체를 고정할 필요가 없고, 손목이나 팔에 연결되어 있는 손가락을 고정해 버리는 것 만으로도 목표를 달성할 수 있다. 이 경우, 「손가락 수갑」이라는 것이 있어서, 외관은 수갑의 크기를 작게 한 것이다. 이 작은 수갑으로 양손의 엄지손가락을 고정시켜 버리면 수갑을 찬 것과 같은 상태가 된다. 수갑을 구할 수 없는 경우에는, 배선을 묶기 위한 케이블타이나 철사를 대신 사용하는 것도 가능하다.

포로를 얌전하게 만들고 싶을 때, 항상 수갑을 가지고 있는 것은 아니다. 이러한 경우에 대용품으로 쓸 수 있는 것이 점착 테이프(포장 테이프)이다. 어디서든 쉽게 구할 수 있으며 일상에서도 사용할 곳이 많기 때문에 방해가 되지 않는다. 또한 테이프이기 때문에 입을 막아서 소리를 내지 못하게 할 수도 있다.

포장 테이프는 잡아당기는 힘에 대해서는 상당한 강도를 가지고 있지만, 조금이라도 찢어지거나 구멍이 나면, 바로 간단하게 찢어진다. 특히 「면 테이프」라 불리는 점착 테이프는 점착력은 매우 강력하지만 뾰족한 것으로 쉽게 구멍을 내서 찢을 수 있다.

포로는······

손을 움직이지 못하게 만들어라!

●수갑

고리의 크기가 줄어들지도 않고 늘어나지도 않게 고정하는 「더블 록 방식」이 안전하다.

●힌지식 수갑

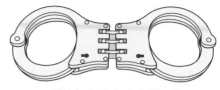

쇠사슬 소리가 나지 않는다

●연질수지재 「케이블타이」

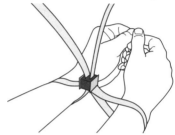

이렇게 사용한다.

다리를 움직이지 못하게 만들어라!

●족쇄

아니 손가락만으로 충분하다!

●손가락 수갑

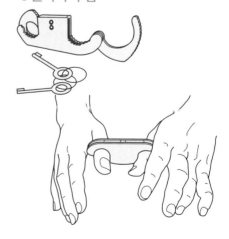

원포인트 잡학상식

「종이로 만든」점착 테이프를 자를 때는 칼을 준비하도록 하자. 손으로 찢으면 종이의 섬유로 단면에 보풀이 일게 되어, 그 부분이 떨어질 가능성이 있기 때문이다.

No.101

시체 주머니는 어떤 경우에 사용되는가?

전쟁이나 전투가 일어나면 사람이 죽는다. 불행하게 숨을 거둔 사람들은 그 자리에 방치되거나, 매장당하거나, 일부 운 좋은 사람들은 고향이나 집으로 돌아가서 가족이나 지인 들에 의하여 장례가 치뤄진다. 이 때까지의 이동(운반)에 사용되는 것이 관이나 시체 주머니이다.

● 납관이 될 때까지의 임시용

죽은 자를 넣어서 소정의 장소까지 운반하기 위한 것에는 「관」이 있지만, 전장에서 일일이 관을 준비하기에는 그 부피가 너무 커서 감당이 되지 않는다. 물론 전선의 기지에서 가족들이나 지인들이 기다리는 고향으로 돌아갈 때는 관에 들어가지만, 전장에서 물러날 때는 좀 더 단순한 「시체 주머니」에 들어가게 된다.

시체 주머니를 사용하는 이점은 2가지가 있다. 하나는 운반하기 쉽다는 점이다. 움직이지 못하는 사람을 옮기는 것과, 기절하거나 죽은 사람을 옮기는 것은 힘든 정도가 전혀 다르다. 인간이 중량물을 옮기는 경우, 중심에 가까운 위치에 무게를 집중시키면 옮기기가 편하다. 무거운 모래주머니를 옮기는 경우, 손에 드는 것과 어깨나 등에 매는 것으로 느끼는 무게가 다른 것은 이러한 이유이다. 움직일 수 없는 인간이라면 몸에 어느 정도 힘이 걸려있기 때문에 지레의 원리로 옮길 수 있지만, 의식이 없으면 체중이 분산되어버리기 때문에 짊어 매기가 힘들다. 여기에 인간은 모래주머니와는 다르게 2개의 팔과 2개의 다리가 달려있기 때문에, 의식이 없으면 팔다리가 흔들거리는 상태가 되기 때문에 액면가 이상의 무게를 느끼게 된다(이것이 주머니에 들어가 있으면 「하나의 덩어리」로서 옮길 수 있다).

또 한가지는 심리적인 문제이다. 이것은 물론 「밖에 그대로 드러나 있는 시체」를 매는 것은 절대 기분 좋은 일이 아니라는 것도 있지만, 그 이상 심각한 것이 위생상의 관점이다. 인간이 죽으면 전신의 근육이 이완된다. 그리고 상체에서는 눈물과 콧물과 침이, 하체에서는 대변과 소변 같은 액체란 액체는 전부 밖으로 나오게 된다. 사체를 바로 이동시켜서 매장할 수 있는 상황이라면 문제가 없지만, 전장에서는 그렇게 할 수가 없다.

일시적인 것을 포함하여 그 자리에서 매장할 수 없는 경우, 역시 시체 주머니에 넣어서 보관해야 할 필요가 있다. 시체 주머니는 안쪽에 특수한 필름이 코팅되어 있어서, 체액이나 냄새가 밖으로 새나가지 않도록 되어있다. 또한 주머니로 "밀폐"하는 것으로, 시체의 부패 진행 속도를 조금이나마 늦출 수 있다는 의미도 있다.

BODY BAG

> 여러 가지 의미로 섬세한 물품이기 때문에,
> 지금과 같이 완성될 때까지 다양한 고생과 시행착오가 있었다.

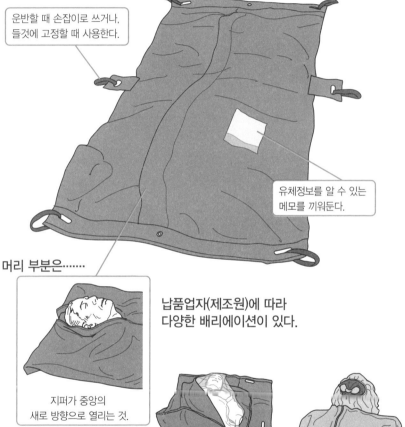

운반할 때 손잡이로 쓰거나,
들것에 고정할 때 사용한다.

유체정보를 알 수 있는
메모를 끼워둔다.

머리 부분은……

지퍼가 중앙의
새로 방향으로 열리는 것.

납품업자(제조원)에 따라
다양한 배리에이션이 있다.

지퍼가 "ㄱ자"로 열리는 타입.

머리부분이 독립되어 있
거나, 투명하게 되어 있는
것.

원포인트 잡학상식

시체 주머니가 검은 색인 것은 "조의를 표한다"라는 것 이외에도 「피의 색깔이 눈에 띄지 않기 때문에」라는 이유도 있다.

중요 단어와 관련 용어

영어 · 숫자

■ALICE클립(앨리스클립)

1950년대 중반 이후, 미군보병의 장비 고정방법으로서 일반적이었던 금속제 클립. 「슬라이드 키퍼」, 「엘리게이터」라고 불리기도 한다. ALICE란 「All-purpose Lightweight Individual Carrying Equipment」의 이니셜로 "전 목적 경량 개인 휴대 장비"라고 해석된다.

■DPM

영국군이 1960년대 종반부터 채용하여, 오늘날까지 사용하고 있는 위장패턴. 녹색, 황색, 검은색, 카키색을 베이스로 붓으로 그린 것과 같은 무늬가 특징이다. DPM이란 「Disruptive Pattern Material」의 이니셜로, 삼림을 상정한 패턴 이외에도 「데저트 DPM」과 같은 사막용 배리에이션이 존재한다.

■D링

알파벳의 「D」모양을 한 링을 가리킨다. 수류탄이나 회중전등의 훅을 걸기 위하여, 코트나 서스펜더에 달려있는 경우가 많다.

■MCI

베트남 전쟁에서 지급된 미군의 레이션. 캔 위주의 레이션으로, 「Meal Combat Individual」의 이니셜이다. 「RCI」와 혼동하는 경우가 많다.

■MRE

미군의 레이션. 용이한 휴대와 경량화를 위하여 레토르트 방식으로 되어있는 것이 특징이다. 「Meal, Ready-to-Eat」의 이니셜로, 1980년대 초반에 도입되었다.

■MULTICAM(멀티캠)

모든 환경에 대응할 수 있는 위장으로서 개발된 「전 지역형 위장」이다. 인간의 눈이 초점을 맞추기 어려운 무늬로 되어있어서, 스텔스 위장이라 불리기도 한다. ACU와 제식화를 놓고 경쟁해서 탈락했지만(옷감이 비교적 고가였던 것이 원인이라는 목소리도 있다), 민수용으로 판매되어 민간군사회사에서 채용되었다.

■PALS

나일론 띠를 같은 간격으로 묶은 「웨이빙 테이프」에, 맬리스 클립과 같은 어태치먼트로 장비를 고정하는 방식이다. PALS란 「Pouch attachment ladder system」의 약자로, 이 방식을 채용하고 있는 장식품은 「PALS대응」이라 불린다.

■PASGT

1980년대~2000년대 초기까지 미군이 사용했던 방탄헬멧. PASGT이란 「Personnel Armor System for Ground Troops」의 이니셜로, 지상부대용 개인방호시스템이라고도 한다. 프릿츠 헬멧과 보디 아머로 구성되어 있다.

■PX

군의 기지 내부에 있는 매점을 가리키는 말로서 「Post Exchange」의 이니셜이다. 「PX에서 팔고 있는, 관용품과 거의 같은 사양이지만 제식장비가 아닌 것」을 PX품이라 부른다.

■RCI

미군이 한국전쟁 시대에 지급했던 C레이션의 개량형으로, 제식명칭은 「Ration Combat Individual」이다.

〈가〉

■가급식

전투나 힘든 작업에 종사하는 부대에, 통상적으로 지급되는 급식의 정량보다 많이 지급하는 것. 식사의 회수 자체를 늘리는 경우와, 식사 정량을 늘리는 경우가 있다.

■개구리

천연 위장을 지닌 생물. 일부 개체는 특히 환경 적응성이 높고, 주위의 상황에 맞춰서 몸의 색이나 위장 패턴을 변화시킬 수 있다. 매우 드물게 하늘에서 이 생물이 내릴 때가 있다.

■검 테이프

덕트(배기관)의 보수용으로 사용된 점착 테이프. 병사들은 장비의 고정이나 응급수리에 사용하지만, 긴급 시에는 붕대 대용으로 사용된다.

■골드 타이거

「타이거 스트라이프 위장」의 배리에이션으로, 황토색을 기본 색으로 사용한 것.

■곰팡이

하이드레이션 시스템의 천적이다. 튜브는 얇아서 세척하기 어렵기 때문에, 스포츠 드링크와 같은 물 이외의 액체를 넣으면 안에 곰팡이가 생긴다. 또한 덜 마른 군화도, 방심하면 곰팡이에 점령당하기 때문에 주의가 필요하다.

■관품

관비(세금)로 구입하고 지급되는 물품을 지칭한다. 관급품이라고도 한다. "세금으로 자라 났다" 라는 것에서 「자위대 간부의 아이」를 가리키는 경우도 있다(관품아가씨 등).

■교범

자위대에서 훈련에 사용되는 교과서나 매뉴얼을 가리키는 말. 직종이나 장비 별로 준비된다.

■군용해수(海獸)

군대식 훈련을 받은 돌고래나 강치를 가리키는 말이다. 바다 속의 기뢰를 발견하거나, 바다로 잠입해오는 테러리스트를 격퇴하거나, 수중작업중인 잠수부를 상어로부터 지켜준다.

〈나〉

■나폴리탄

스파게티를 베이컨이나 양파, 토마토 케첩으로 볶은 요리. 미군의 레이션으로 제작되어, 제식명은 「이탈리안 스타일 스파게티」이다. 제2차 세계대전 이후, 일본에 들어와서 나폴리탄이라는 이름이 붙여졌지만, 이탈리아의 나폴리와는 아무런 관계가 없다.

■날진버틀(Nalgen bottle)

음료수를 넣는 폴리카보네이트제 물병이다. 가볍고 밀폐성이 좋아서, 등산용품이나 스포츠 용품으로 인기가 있다. 병사들이 수통 대용으로 사용

하기도 한다.

■내틱

보스턴의 내틱이라는 마을에 있는 미군 연구소. 제2차 세계대전 이후에 육군 보급부의 연구시설로서 발족하여, 병사들이 사용하는 모든 장비를 연구개발 하고 있다. 『우리들은 우리 나라의 병사들에게 세계최고의 장비, 의류, 식품, 보호를 제공하기 위하여 전력을 다한다』가 좌우명이다.

■노멕스

듀폰사가 개발한 나일론 섬유. 내화, 내열성이 뛰어난 난연성소재로 파일럿 장비에 이용되는 것 이외에도, 민간 공업용으로 널리 이용되고 있다.

〈다〉

■더플백

군대에서 흔히 말하는 「떠블빽」이다. 전속이 된 병사는, 이 안에 옷이나 킬링 타임용 잡지 등, 당분간 필요한 물건을 넣고 임무수행지로 이동한다.

■덤프 파우치

커다란 자루 형태의 파우치. 사용한 총의 매거진 등을 수납한다.

■데드 스톡

일반적으로 「사장품(死藏品)」, 「불량재고」 라는 의미였으나, 미사용 상태로 민간으로 방출되는 잉여군수품을 지칭하기도 한다.

■도란

얼굴이나 손에 바르는 페인트. 숲이나 수풀 속에서 얼굴이나 손의 피부색이 눈에 띄기 때문에, 얼굴이나 손에 검은색이나 갈색 도란을 발라서 위장효과를 높인다. 전장이 되는 주변의 초목이나 나뭇가지를 참고로 색의 배분을 변화시키는 것이 위장을 잘하는 요령이다.

■도트 단추

凸단추와 凹단추를 합쳐서 고정하는 금속제 고정구. 「스냅 버튼」 이라고도 한다.

■드래그 핸들

베스트(조끼)의 목 부분에 달려있는 손잡이와 같은 부품. 총에 맞아서 움직일 수 없는 경우, 동

료들이 이 핸들을 잡고 "안전한 장소" 까지 끌고 간다.

■드레인 홀

매거진 파우치와 같은 파우치 바닥에 뚫려있는 배수용 구멍. 대부분은 구멍 가장자리를 금속으로 보강해 놓았다.

■드로 코드

파우치의 입구나 피복의 소매 등을 조르기 위해 달린 끈을 가리킨다.「주머니의 끈」과 같은 구조로 만들어져서, 플라스틱의 고정구로 끈이 풀리지 않게 고정한다.

〈라〉

■레그 홀스터

권총을 대퇴부에 고정시켜주는 홀스터. 라이플을 조준할 때에 홀스터가 방해가 되지 않는다는 장점이 있고, 대형권총이나 서브머신건도 무리 없이 수납할 수 있다.

■레스피레이터

호흡기구를 의미하는 영어로, 영국군에서 방독면을 부르는 명칭이다.

■레플리카

복제품을 가리키는 말이다. 오리지널의 존재를 존중하면서, 오리지널을 손에 넣을 수 없는 사람들을 상대로 같은 사양의 것을 만드는 것으로, 모조품(카피)과는 다른 것이다. 의도적으로 기능을 줄이는 경우도 있다.

■리스토어

어떤 물건을「수복한다」라는 의미이다. 특히 "오래된 아이템의 기능을 회복시키는" 이라는 문맥에서 사용되는 말로, 단순한 수리(리페어)와는 그 의미가 미묘하게 다르다.

■립 스톱

옷이나 장비의 원단이 어딘가에 걸리거나 찢어진 경우, 이 부분이 더 많이 찢어져서 넓어지는 것을 방지하기 위한 가공이 되어있는 것이다.「찢어짐 방지」라는 의미로, 두꺼운 실이나 여러 개의 실을 격자형태로 짜 넣는 것이다. 패러슈트에도 이

가공이 들어가 있어서, 만에 하나 구멍이 뚫린 경우에도 더 찢어지지 않게 되어있다.

〈마〉

■말단처리

벨트나 끈 등을 적절한 길이로 조절한 후, 남은 부분이 튀어나와서 방해가 되지 않도록 테이프를 이용하여 정리하는 것. 남아서 튀어나온 끈은 생각치도 못한 장소에 걸려서 위험에 처할 수도 있기 때문에, 사고방지 관점에서도 중요하다.

■매스 키트

매스 팬이나 반합과 같은 그릇과, 포크나 젓가락과 같은「커트러리」로 구성된 야전용 식기이다. 대부분이 금속제로, 조리용구로도 사용할 수 있다.

■매스 트레이

전선에서 배식된 식사를 올리기 위한 식판. 안쪽에는 칸막이가 설치되어 있어서 주반찬과 보조반찬을 담을 수 있지만, 바닥이 얕기 때문에 국 종류를 담기에는 무리이다. 재질은 주로 스테인리스나 플라스틱이지만, 종이로 된 것도 있다.

■매스 팬

원반과 같은 형태의 야전용 식기로, 뚜껑부분은 접이식 손잡이를 늘려서 프라이팬으로도 사용할 수 있다. 본체부분에는 칸막이가 있어서, 배식된 식사를 나눈다.「반합」도 매스 팬의 일종이다.

■맥라이트

플래시 라이트의 일종이다. 전지의 사이즈와 숫자에 따라서 경봉 크기에서 펜라이트까지 다양한 타입이 있으며, 끝 부분을 조이고 풀어서 초점을 조절할 수 있다. 튼튼하고 방수성이며, 경봉 사이즈의 라이트는 타격무기로도 사용이 가능하다.

■맬리스 클립

수지로 만든 장비고정용 클립이다. ALICE클립의 대용품으로 사용되는 것 말고도, 웨이빙 테이프와 같은 폭이기 때문에 MOLLE에 장비를 고정하는 어태치먼트로도 사용된다.

■먹을 것과 비슷한 무엇인가 다른 물체

현장의 방사들이 붙인 MRE의 별명이다(영어로는 「Materials Resembling Edibles」). 보존성을 중시한 초기의 맛 없는 MRE에 질색한 병사들이 붙인 것으로, 이 외에도 「모두에게 거부당한 식사(Meals Rejected by Everyone)」와 같은 별명도 있다.

〈바〉

■박착
물품을 끈이나 로프로 묶거나 고정하는 것.

■반장화
육상자위대원이 신고 있는 군화를 가리키는 말로 "발목에서 무릎 중간까지의 길이" 라서 이러한 이름으로 부른다. 끈이 위까지 올라오는 무식하게 생긴 군화로, 통기성이 나쁘기 때문에 여름에는 무좀의 온상이 된다.

■발동발전기
야영을 할 때 전원으로 사용되는 소형 발전기. "엔진(발동기)식 발전기" 라는 것에서 「발발」이라 부르기도 한다. 오래된 타입의 발발은 플라이 휠에 끈을 묶어서 엔진을 돌리기 때문에, 시동을 걸기가 매우 힘들다.

■방탄브래지어
「금속구가 장착되어 있지 않은 스포츠 브래지어」일 뿐이다. 여성경관이 방탄구 밑에 착용한 브래지어의 금속구에 부상을 입는 사례로 인하여 금속구가 없는 것을 입게 되었는데, 이때 "방탄조끼와 세트로 착용" 하는 부분만이 주목을 받게 되어, 브래지어 자체에도 방탄효과가 있다고 오해를 샀다. 결코 「케블라로 만들어진 ~~특수주문~~ 브래지어」……는 아니다.

■밴돌리어(bandoleer)
탄약대. 상자형 매거진을 집어넣거나 그레네이드 탄을 집어 넣기도 한다. 허리에 두르거나 어깨에 띠처럼 매서 사용하는 것이 일반적이다.

■베르겐(베른겐)
영국군이 배낭(백팩)을 부르는 명칭.

■베이클라이트
페놀수지의 상품명이다. 제2차 세계대전 때부터 있었던 합성수지로, 독일군의 쌍안경 케이스나 총검 그립에서 쉽게 발견할 수 있다.

■베트콩
베트남 전쟁에서 북 베트남 병사를 비하해서 부르는 말이다. 「베트남의 공산주의자(코뮤니스트)」 라는 의미로, 병사들뿐만 아니라 게릴라전의 상대는 모두 「배트콩 새끼들」 이라고 불렀다.

■벨트 루프
홀스터나 파우치 등의 장비에 달려있는 「루프」를 가리키는 말. 루프에 벨트를 통과시켜서 장비를 고정한다. 벨트에 걸리는 중량을 분산시키기 때문에, 루프의 길이는 여유를 잡고 만들어져 있다.

■부틸고무
열이나 약품에 내성을 가지는 합성고무의 일종으로, NBC방호복의 원단으로 사용된다. 통기성이 거의 없기 때문에, 부틸고무로 된 NBC방호복을 착용하고 30분 정도만 움직여도 내부에 열이 축적되어 위험해진다.

■불돼지
고대 로마가 「전투코끼리」의 대책으로 투입하였다고 전해지는 생물병기. 돼지 등에 기름을 바르고, 점화한 후에 적진을 향해 돌진시키는 무서운 병기이다.

■블록 스킨
미군이 극초기에 채용한 위장 패턴. 개구리의 등과 닮은 것이 유래이다.

■비노큘러
쌍안경. 군용쌍안경은 ~~배율고성으로~~ 6~8배 성도가 일반적이다. 총의 조준경과 같은 망원경(단안경) 형태의 것은 「모노큘러」라 불린다.

■비닐 테이프
전기공사에서 절연처리를 하는데 사용하는 테이프. 스트랩의 실밥이 풀어지는 것을 방지하거나, 세세한 부품이 떨어지는 것을 방지하는데 편리하게 사용한다. 카라비너에 매달아 두면 사용하기 쉽다.

■비닐론

나일론 다음으로 개발된 합성섬유로 일본에서 만들어졌다. "경량화 된 캔버스"라고도 할 수 있는 것으로, 1990년대까지는 자위대의 장비에도 사용되었었다.

■비브럼 소울

군화의 바닥 패턴(홈)중 하나다. 등산화와 같이 격한 요철이 특징으로, 장시간 도보이동을 전제로 디자인되어 있다. 비브럼은 상표이기 때문에 「러그 소울」이라고도 불린다.

■비스킷

예전에 포르투갈인이 가져온 남만과자(비스코우트)로, 도쿠가와 막부 말기에는 군용 보존식으로 주목을 받아, 메이지 13년(1880년)에 영국에서 제조기술이 유입되어 일반에 퍼졌다. 업계의 요청으로 인하여, 일본에서는 『설탕이나 유지방을 억제하여 식감이 바삭하고 표면에 구멍이 뚫려져 있는 것』이라 정의된다.

■비프테키

비프 스테이크의 프랑스식 발음. 「고기」는 고가이기 때문에 군대의 식탁에 올라오는 일은 잘 없으나, 상륙작전 전야와 같은 경우는 특별하게 제공된다. 그러나 역시 고가이기 때문에, 잡고기를 식용접착제로 굳힌 「성형육」이 사용되었다.

〈사〉

■사라토가 슈트

독일제 고성능 NBC방호복. 고 기능성 소재를 사용하기 때문에 입은 채로 전투(45일 정도)가 가능한 훌륭한 제품이다. 또한 일반적인 NBC방호복은 한번 오염되면 버려야 하지만, 사라토가 슈트는 고온의 열풍(혹은 증기)으로 세척이 가능하다. 매우 고가이다.

■사이드 릴리스 버클

플라스틱으로 되어있는 돌기로 고정하는 타입의 버클이다. 민간에서는 웨스트 파우치의 고정구 등에도 사용된다. 「파스텍스」라는 상표로 부르기도 한다.

■사이륨(cyalume)

막대기 모양의 광원으로, 접으면 화학반응을 일으켜서 빛을 낸다. 「케미컬 라이트」라 하기도 한다. 녹색, 황색, 적색, 청색 등 다양한 색이 있어서, 야전복이나 장비에 장착하고 야간행동에서 표식으로 삼기도 한다. 발광시간은 종류에 따라 몇 분~12시간이고, 시간이 지나면서 광량이 떨어지지만 지도 정도는 읽을 수 있다.

■사진

전장의 병사들이 가슴에 달린 주머니에 넣어두고 있는 부적. 피사체로는 애인이나 부인과 아이들 등 다양하지만, 전멸한 부대의 전우일 경우도 있다. 어떤 사진을 들고 있느냐에 따라 소유자의 운명이 결정되기 때문에 방심은 금물이다.

■서브듀드

「저시인성」을 의미하는 영어이다. 「OD와 검정」, 「갈색과 TAN색」 등의 배색으로 만들어진 휘장의 배리에이션을 지칭하기도 한다.

■세퍼레이트

육상자위대의 대원이 착용하는 우비로, 전투 우구의 통칭이다. 비가 오는 상황의 행군이나 재해 파견 등에 사용되지만, 젖으면 금방 습기가 찬다.

■숄더 홀스터

고정용 벨트(하네스)를 상반신에 착용하고, 겨드랑이 부분에 권총이 오게 만들어진 홀스터. 사용자가 오른손잡이라면 왼쪽 옆구리에서 권총을 뽑는 형태가 된다. 겉옷을 입으면 총을 감출 수 있기 때문에 형사들이 즐겨 사용하지만, 재빠르게 권총을 뽑기에는 적합하지 않다.

■슈어 파이어

플래시 라이트의 일종이다. 군이나 경찰에서 인기가 있어서, 권총이나 서브머신건에 장착하기 위한 어태치먼트도 풍부하다. 소형사이즈의 제품이 많지만, 그에 비해 광량은 충분하다.

■스키틀

위스키와 같은 알코올 농도가 높은 증류주를 넣는 용기를 가리킨다. 「플라이스 보틀」, 「힙 플라스크」라고도 한다. 엉덩이 쪽의 주머니에 쏙 들어가도록 살짝 구부러진 형태로 되어있는 것이 특징이다. 사이즈는 200cc전후의 것이 많고, 온스 단위로 표기된다.

■스톡 넘버

군에서 비품 별로 붙이고 있는 관리번호. 제식 채용된 장비에는 어딘가에 반드시 이 번호가 적혀 있다.

■스트라이크 플레이트

세라믹으로 된 판으로 방탄 플레이트의 한 종류이다. 깨지는 것에 의하여 착탄 시 충격을 흡수하는 것으로, 플레이트 캐리어에 투입된다.

■스팸

파란색의 사각형 런천미트(향신료가 들어간 저민 고기를 굳혀서 가열처리 한 것) 통조림. 광고 메일을 의미하는 「스팸 메일」의 어원이라는 설도 있다.

■스피드 리스

군화에 「끈을 묶는 방법」 중 한 가지 이다. 발등까지는 구멍에 끈을 통과시키지만, 그 윗부분은 훅에 거는 형식으로 되어 있어서 재빠르게 신고 벗을 수 있게 되어 있다.

■쓰레기 봉투

야영 할 때 나온 쓰레기는, 부대의 흔적을 남기지 않도록 전부 땅에 묻거나 가지고 돌아간다. 종이나 갈아입을 옷과 같이, 젖으면 안 되는 것들을 방수처리하기에도 편리하다.

〈아〉

■아라미드

1960년대에 듀폰사에서 개발된 유기섬유. 나일론보다 더 고강도이고 열에 강한 특성을 가지고 있어서, 소방복이나 방호복에 사용된다. 염색이 어렵기 때문에 일반용 옷 재료로는 거의 사용되지 않는다.

■아머파우치

탄약을 집어넣는 작은 파우치를 가리킨다. 예전에 사용되던 라이플은 「클립」이라는 기구로 탄약을 5발 정도 묶어서, 아머파우치에 수납하였다. 상자형탄창(매거진)을 넣는 파우치는 「매거진 파우치」라고 부르며 아머파우치와 구별한다.

■아이스크림

미군이 매우 좋아하는 음식이다. 제2차 세계대전 때부터 전장에 아이스크림 포장마차가 출장을 가서, 병사들에게 공급하였다. 아이스크림 행렬에는, "아무리 계급이 높더라도 끼어들기 엄금" 이라는 불문율이 있다.

■아크릴

나일론, 폴리에스테르와 어깨를 나란히 하는 3대 섬유이다. 울에 가까운 느낌에서 스웨터 등의 방한복에 많이 사용되었다. 흡수성과 낮은 건조성이 특징이다.

■애어재츠 카페

보리나 치커리로 만들어진 독일의 대용커피(ersatz coffee)이다. 쓴맛과 향이 있고 마실 수만 있는 것이면 무엇이든 가능하다. 도토리나 벚나무의 뿌리 등도 사용된다. 참고로 진짜 커피를 지칭하는 말은 「보넨 카페」이다.

■앵클 홀스터

바짓단 부분의 안쪽과 같이, 발목 부분에 권총을 수납하는 홀스터. 예비 소형권총을 휴대하는데 사용된다.

■엄마가 만든 애플파이

미국인의 활력 아이템. 옛날 미국인은 이것만 먹으면 병이나 부상으로 풀이 죽어 있을 때도 기분이 좋아지고 활력이 넘쳤다고 한다. 예전에 육군에서는 ("엄마가 만든" 것은 아니지만) 파이를 굽는 방법이 적혀있는 야전조리 매뉴얼이 존재하였다.

■엔비 (円匙)

자위대에서 야전삽을 부르는 명칭. 구 일본군의 엔시「エンシ (円匙)」를 잘못 읽은 것이 어원이라 하며, 야영할 때 텐트 주변에 배수가 잘 되도록 물 골을 파거나, 은폐엄폐를 위한 구멍을 팔 때 사용된다.

■엘라스틱 밴드

주로 말단처리에 사용되는 「폭이 넓은 고무제

밴드」를 가리킨다.

■연기캔

자위대에서 재떨이를 가리키는 말. 형태나 재질에 상관없이 「담배 꽁초를 넣는 용기」는 전부 이렇게 부른다. 일본어로 '엔칸' 「煙缶 (えんかん)」이라 부른다.

■오픈 탑 파우치

플랩이 달려있지 않은 매거진 파우치. 내장에 카이덱스가 사용되어, 소재의 장력으로 인하여 탄창이 고정된다. 매거진의 일부가 밖으로 나와있기 때문에 꺼내기 쉽다.

■외피

자위대 대원이 추위나 비를 막기 위하여 야전복 위에 착용하는 「필드 재킷」이나 「하프 코트」와 같은 것이다.

■우샹카

소련(러시아)병사가 야전모 대신에 많이 착용하였던 털가죽 모자. 『은하철도999』에 등장하는 메텔이 쓰고 있는 모자와 같은 모양이지만, 우샹카는 양 옆이 귀 부분을 덮을 수 있도록 길게 내려와 있다.

■우숏파치

수지제 헬멧을 가리키는 말이다. 주로 「금속제 헬멧의 모조품」을 지칭하는 말로서, 처음부터 수지나 케블라로 설계되어 있는 것은 우숏파치라 부르지 않는다. 자위대에서 사용하는 철모의 은어 「텟파치 (テッパチ鉄鉢)」를 기본으로 「가짜(일본어로 嘘 (うそ)) 텟파치 (ウソのテッパチ)」=우숏파치로 변화되었다고 생각된다.

■운반식

자위대가 연습을 할 때 가까운 주둔지에서 운반되는 「조리가 되어있는 식사」를 가리킨다.

■워키토키

미군이 사용했던 소형 무선기. 특대 사이즈의 휴대전화 같은 모델은 「핸디 토키」라 불려서, 생수PET병 큰 것과 비슷한 크기였다.

■이머전시 블랭킷

알루미늄 코팅이 된 폴리에스테르제 시트이다. 주먹 하나 정도의 크기로 패킹되어 있지만, 펼치면 큰 모포 크기가 된다. 이것을 덮으면 체온을 밖으로 뺏기지 않기 때문에, 보온효과는 일반 모포의 3배라고 한다.

■인시그니어

계급장, 부대장, 특수기능장과 같은, 「휘장」을 가리키는 말이다.

■인터렌칭 툴

야전삽이나 곡괭이와 같은 토목작업에 사용되는 도구의 총칭이다. 줄여서 「E툴」이라고도 한다.

■인터셉터

미군에서 사용하는 보디 아머. 기존의 제품과 비교하여 라이플탄(7.62mm구경)에 대하여 "어느 정도 방어능력" 이 부여된 것이 특징이다. 상황에 따라 목 주변과 어깨 부근, 하복부를 감싸는 옵션을 장착할 수 있다.

〈자〉

■잡낭

어깨에 매는 「솔더 백」 타입의 가방이다. "잡다한 물건을 넣는 주머니" 라는 이름 대로, 속옷이나 식량 등 무엇이든 집어넣었다.

■장악

어떤 물건을 「자신의 것」으로 만드는 일. 예를 들어 「누구의 소유인지 알 수 없는 과자를 장악」, 「술집에서 재떨이를 장악」 과 같은, "점유하다", "가지고 가다" 와 같은 의미로 사용한다.

■정글 파이팅

미군이 베트남 전쟁 당시 장비하고 있던 열대 기후용 야전복의 통칭이다. 군 내부에서는 단순하게 「트로피컬 컴뱃 유니폼」이라 불렀다.

■정원

군대의 각 부대 별로 정해진 물품의 정수로서, 이 숫자 이상은 「정원 외」가 된다. 대 부분의 보급담당대원은 "정원 외 물품" 을 준비하여 검열에 대비한다.

■정위치

물건을 놓는 지정장소를 가리키는 말이다. 자위대에서는 차량이나 장비는 물론이고, 재떨이와 같은 잡화물에 이르기까지 전부 "정위치"가 존재한다.

■제빵 중대

빵을 매우 좋아하는 독일군이 편제한 제빵 전문 부대. 아침부터 계속 빵을 구워서, 각 부대에 배급한다.

■제식화

군대나 경찰과 같은 조직이 새로운 장비를 채용하고, 「명칭(제식명칭)」을 부여하는 것. 제식채용이라고도 한다.

■지뢰견

등에 강력한 폭약과 기폭 레버를 매고 전차의 바닥 밑으로 숨어드는 성가신 개. 개발한 소련에서는 「대전차 견」이라 부른다.

〈차〉

■착화맨

방아쇠를 당기면 봉 끝부분에 불이 들어오는 착화기구. 고형연료에 불을 붙이거나, 휴대형 풍로를 예열할 때 쓰이는 매우 중요한 아이템이다.

■철모

자위대에서 전투용 헬멧을 부르는 이름. 최신 모델인 「88식 철모」는 케블라로 되어있지만 「철모」라고 부른다.

■철십자훈장

독일을 대표하는 무공훈장(전투에서 활약한 자에게 수여하는 훈장). 19세기 초에 제정된 이후, 제2차 세계대전까지 「2급 철십자」, 「1급 철십자」, 「기사철십자」, 「대철십자」로 숫자가 늘어나서, 결국에는 「백엽」이나 「검」이나 「다이아몬드」 등 다양한 장식이 붙어서 수급이 따라가지 못하였다.

■체스트리그

매거진 파우치 여러 개를 연결해서, 복대처럼 상체 부분에 장착하는 장비. 가슴에서 배까지의 범위를 예비 매거진이 감싸고 있는 형태가 되기 때문에, 손쉬운 사용과 방탄효과를 동시에 만족시킬 수 있다.

■초코칩 위장

걸프전 당시에 미군이 채용했던 사막위장. 국내와 같은 "암석이 많은 사막"을 상정한 위장패턴이었기 때문에, 중동의 사막에서는 효과를 발휘하지 못하였다. 「6색 사막위장」이라고 하기도 한다.

〈카〉

■카고팬츠

허벅지나 무릎 등의 부분에 「주름이 잡혀있는 주머니(카고 포켓)」가 달려있는 바지를 가리킨다. 대부분의 야전복이 채용하고 있는 형식이지만, 원래는 화물선(카고 쉽)의 승무원들이 입고 있던 것에서 이 이름이 유래되었다.

■카라비너(karabiner)

개구부가 달린 금속제 링으로, 로프를 재빠르게 연결시키기 위한 부품이다. 원래는 등산용품이지만, 작은 물품을 벨트 사이에 끼워서 매달 때 편리하다. 튼튼함은 차이가 나지만, 같은 형태의 것은 쉽게 구할 수 있다.

■캔음식

연습이나 재해파견 시에 준비되는 식사 캔이나 부식 캔을 의미한다. 캔에 들어가 있는 레이션.

■커머밴드

보디 아머나 플레이트 캐리어의 약점인 "겨드랑이 부분"을 감싸기 위해 장착하는 방호복. 턱시도의 밑에 입는 조끼를 대신한 요대가 어원이다.

■커트러리

야전용 식기 중 포크나 나이프, 스푼을 가리킨다. 제2차 세계대전 때의 독일군이 아미 나이프(한국에서 맥가이버 칼로 알려진)와 같은 「콤비네이션 식」을 채용하고 있다.

■커피스테인 위장

미군이 걸프전에서의 교훈을 살려서 개발한 사막위장이다. 중동지역의 사막을 전장으로 상정한 패턴으로 되어 있다. 「3색 사막위장」이라고도 한다.

■컨트럭터 넘버

미군의 장비에 붙여진 관리번호를 가리키는 말이다. 번호는 태그에 인쇄되어, 연도에 따라 표기가 미묘하게 다르다.

■콩요리

콩은 전분을 다량으로 함유하고 있어서, 건조시키면 장기보존이 가능하기 때문에, 유럽에서는 중요한 식품이었다. 예전부터 군의 식량으로서 사용되었으나, 목에 걸리는 것이 옥의 티였다. 미국에서도 「포크 & 빈즈(베이크드 빈즈)」라고 불리는 전통요리가 있어서, 남북전쟁 때도 배급되었다.

■쿠키

미국을 경유해서 들어온 비스킷. 네덜란드어로 작은 과자를 의미하는 「쿠크」가 어원이며, 쇼와2년(1927년)에 쿠키라는 이름으로 발매되어, 쇼와39년(1964년)에는 대량생산 되었다. 일본에서는 비스킷을 『당분과 지방분이 전체의 40%이상으로 씹었을 때 아삭한 느낌과, 외관이 손으로 만든 느낌이 나는 것』이라 정의되어 있다.

■클래식 타이거

「타이거 스트라이프 위장」의 배리에이션으로, 그린을 기본 색으로 한 것이다.

〈타〉

■탄약운송견

참호전에서, 분단된 아군의 진지로 기관총 탄약이나 수류탄을 전하기 위한 개. 물자는 전용 운송차나 썰매에 실어서 옮긴다. 이러한 타입의 개는 의료품의 운반이나 통신선의 매설에도 이용된다.

■탈락방지

장비나 작은 물건이 떨어지지 않도록, 끈이나 테이프로 고정하는 일이다. 자위대의 연습에서는 총검이나 수통과 같은 장비는 물론이고, 총의 가동부품 등 "떨어질 가능성이 있는" 모든 물건이 탈락방지처리 대상이 된다.

■티로그레이카

소련군이 장비하고 있던 방한복으로, 솜이 채워진 다운 재킷과 같은 것이다. 코트 안에 입는 것이 기본이지만, 그대로 착용하는 경우가 더 많았다.

〈파〉

■파나마 소울

정글화에 채용된 구두 바닥의 패턴(홈)이다. 비브럼 소울보다 홈의 간격이 크기 때문에, 진창에서도 진흙이나 흙이 잘 끼지 않는다.

■파라트루퍼 디코이

패러슈트 낙하 시, 적의 눈의 끌기 위해 투하되는 등신대 더미인형이다. 항공기 안의 공간이 제한되어있기 때문에, 탑재를 할 때는 작게 접혀있다. 시한 장치가 달려있어서, 강하하고 일정 시간이 경과한 후에 "기관총의 발포음"과 같은 소리를 낸다.

■파라트루퍼 재킷

제2차 세계대전 때의 미국 공수부대가 사용한 야전복으로, 「M1942점프 재킷」의 속칭이다. 전체적으로 슬림한 디자인이지만, 다리부분의 카고 포켓은 상당한 수용력을 자랑한다. 탱커스 재킷과 마찬가지로, M1943재킷과 통합되어 없어졌다.

■패러 코드

패러슈트와 인간을 연결하는 끈. 매우 튼튼하기 때문에, 물건을 묶어서 고정하거나 떨어짐 방지, 구두 끈이나 총의 멜빵으로 사용하는 등 다양한 활용법이 있다. 잘린 부분을 불로 지져서 올이 풀리는 것을 간단하게 막을 수 있다.

■패치

소속부대를 나타내는 휘장으로, 대부분은 자수로 만들어져 있다. 골계나 풍자 등의 "일종의 사상"을 곁들인 것을 「조크 패치」라고 하며, 붙여야 할 패치를 전부 붙인 상태를 「풀 패치」라고 한다.

■폴리에스테르

1950년에 개발된 화학섬유. 나일론에 비하여 흡습성이 나빠서, 땀을 제대로 흡수하지 못하는 반면에 가벼워서 말리기 쉽다는 장점도 있다.

■폴리지 그린

OD보다 회색이 강한 녹색. ACU의 채용과 함께

OD색 장비의 숫자가 줄어들고, 그 자리에 FG(폴리지 그린)색의 장비로 대체되고 있다.

■프리즈드라이

급속 냉동시킨 식품을 진공상태에 두고 내부의 물을 증발시킨 후에 재건조 시키면 풍미를 살리면서 장기간 식품을 보존할 수 있다. 진공동결건조라고도 하지만, 모든 식품이 프리즈드라이가 가능한 것은 아니다.

■플랩

군복의 주머니나 각종 파우치에 달려있는 「덮개」를 가리킨다.

■플레이트 캐리어

방탄 플레이트를 벨트로 가슴에 고정시키기 위한 도구이다. 보디 아머에 비하여 움직이기 쉽지만, 플레이트가 있는 위치만 방어가 가능하다.

■픽셀 패턴

미군의 「ACU」 등에 사용되는 위장 패턴. 작은 사각형(픽셀)을 늘어 놓은 모자이크 무늬가 특징으로, 컴퓨터로 설계 된다.

〈하〉

■학교수영복

군장일러스트와 매우 친화성이 높은 방호복이다. 원래는 물에서 수영을 하기 위한 것이지만, 육상전이나 공중전에도 대응할 수 있다. スクール水着(스쿠루미즈기)를 줄여서 スク水(스쿠미즈)라고 줄이기도 하지만, 일러스트화 된 대부분이 「구형」이라 불리는 타입이다.

■휴지

야영지의 필수품. 대변을 본 후 사용하는 것 이외에도, 코를 풀거나 식기를 닦는 등 다방면에서 활약한다. 집어 넣을 때는 심을 빼면 작아진다.

■히로뽕

제2차 세계대전 때 일본군이 지급했던, 강제로 정신을 깨우는 제품. 이른바 「각성제」에 해당하는 것으로, 차 가루에 섞어서 정제로 만들거나, 주사를 해서 섭취한다. 비행부대의 감시원이나 민간 공장 작업원 등 폭넓게 사용되어, 전후에 대량으로 유출되면서 사회문제가 되었다.

■힙 홀스터

벨트에 끼워서 허리 부분에 권총이 오는 타입의 홀스터. 윗옷을 걷어 올리는 것만으로도 권총이 들키고 말지만, 그만큼 재빠르게 권총을 뽑을 수 있다.

색인

228

参考文献

『US밀리터리 잡학대백과(U.S.ミリタリー雑学大百科)』《Part1・Part2》菊月俊之　グリーンアロー出版社

『컴뱃 바이블(コンバットバイブル)』《1・2》上田信　日本出版社

『대도해 세계의 무기(大図解 世界の武器)』《1・2》上田信　グリーンアロー出版社

『밀리터리 잡학대백과(ミリタリー雑学大百科)』《Part1・Part2》坂本明　文林道

『최신병기 전투매뉴얼(最新兵器戦闘マニュアル)』坂本明　文林道

『세계 군용총(世界の軍用銃)』坂本明　文林道

『미래병기(未来兵器)』坂本明　文林道

『대테러・대범죄 시큐리티 시스템(対テロ・対犯罪のセキュリティシステム)』坂本明　文林道

『현대의 특수부대(現代の特殊部隊)』坂本明　文林道

『대도해 특수부대 장비(大図解特殊部隊の装備)』坂本明　グリーンアロー出版社

『무기(武器)』ダイヤグラムグループ編／田島優・北村孝一訳　マール社

『미육군전사(アメリカ陸軍全史)』《歴史群像》W.W.Ⅱ유럽전쟁사 시리즈Vol.21(『歴史群像』W.W.Ⅱ欧州戦史シリーズVol.21)』学習研究社

『[도해] 최신 미군의 모든 것([図説] 最新アメリカ軍のすべて)』学習研究社

『[도해] 제1차 세계대전([図説] 第一次世界大戦)』《上・下》学習研究社

『제국육군 전장의 의식주(帝国陸軍 戦場の衣食住)』《歴史群像》태평양전쟁사 시리즈Vol.39(『歴史群像』太平洋戦史シリーズVol.39)』学習研究社

『서바이벌 바이블(サバイバル・バイブル)』祐植久慶　原書房

『M16&스토너스 라이플(M16＆ストーナーズ・ライフル)』床井雅美　大日本絵画

『전투 나이프(戦闘ナイフ)』Ichiro Nagata, Tomoyuki Hasegawa 著　バウハウス

『맥아더의 군용 차량들(マッカーサーの軍用車輌たち)』KKワールドフォトプレス

『제2차 대전 각국 군장 전가이드(第2次大戦 各国軍装全ガイド)』マルカム・マクグレガー、ピエール・ターナー 画／ピーター・ダーマン 文／三島瑞穂 監訳／北島護 訳　並木書房

『군용시계의 모든 것(軍用時計のすべて)』ジグマント・ウェソロウスキー著／北島護 訳　並木書房

『독일군 유니폼 & 개인장비 매뉴얼(ドイツ軍ユニフォーム＆個人装備マニュアル)』菊月俊之　グリーンアロー出版社

『제2차 세계대전 미군 군장가이드(第2次大戦 米軍軍装ガイド)』リチャード・ウインドロー 著／ティム・ホーキンズ撮影／三島瑞穂 監訳／北島護 訳　並木書房

『베트남 전쟁 미군 군장가이드(ヴェトナム戦争 米軍軍装ガイド)』ケヴィン・ライルズ著／ 三島瑞穂 監訳／北島護 訳　並木書房

『실록 베트남 전쟁 미보병 군장가이드(実録ヴェトナム戦争 米歩兵軍装ガイド)』ケヴィン・ライルズ著／ 三島瑞穂 監訳／北島護 訳　並木書房

『제2차 대전 독일병 군대가이드(第2次大戦 ドイツ兵軍装ガイド)』ジャン・ド・ラガルド 著／アルバン編集部 訳　並木書房

『제2차 대전 독일 군대가이드(第2次大戦 ドイツ軍装ガイド)』ジャン・ド・ラガルド 著／石井元章 監訳／後藤修一、北島護 訳　並木書房

『태평양전쟁 일본제국육군(太平洋戦争 日本帝国陸軍)』成美堂出版

『일본의 군장(日本の軍装)』中西立太 著　大日本絵画

『레이션 월드컵(レーション・ワールドカップ)』オークラ出版

『세계의 군용식량을 먹는다(世界のミリメシを実食する)』菊月俊之 著　ワールドフォトプレス

『미 육군 군장입문(米陸軍軍装入門)』小貝哲夫 著　イカロス出版

『세계의 병기 밀리터리 사이언스(世界の兵器 ミリタリー・サイエンス)』高橋昇 著　光人社

『밀리터리 디자인(ミリタリーデザイン)』《1・2・3》ワールドフォトプレス

『군복(軍服)』《ビジュアルディクショナリー7》同朋舎出版

『특수부대(特殊部隊)』《ビジュアルディクショナリー11》同朋舎出版

『제1차 세계대전(第一次世界大戦)』《ビジュアル博物館87(ビジュアル博物館87)》サイモン・アダムズ 著／アンディ・クロフォード 写真／猪口邦子 日本語版監修 同朋舎

『제2차 세계대전(第二次世界大戦)』《ビジュアル博物館88(ビジュアル博物館88)》サイモン・アダムズ 著／アンディ・クロフォード 写真／猪口邦子 日本語版監修 同朋舎

『컴뱃 크로니클(コンバット・クロニクル)』ジョー・デヴィッドスマイヤー 著／中村省三 訳／菊月俊之 監修／浅香昌宏 偏 グリーンアロー出版社

『방위백서(防衛白書)』各号 防衛庁 偏／大蔵省印刷局

『자위대장비연감(自衛隊装備年鑑)』各号 朝雲新聞社

『역사군상(歴史群像)』各号 学習研究社

『주간 월드 웨폰(週刊ワールド・ウェポン)』各号 デアゴスティーニ

『월간 암즈 매거진(月刊アームズマガジン)』各号 ホビージャパン

『스트라이크 & 택티컬 매거진(ストライク アンド タクティカル マガジン)』各号 カマド

『컴뱃 매거진(コンバットマガジン)』各号 ワールドフォトプレス

AK Trivia Book No. 11

도해 밀리터리 아이템

개정판 1쇄 인쇄 2022년 4월 25일
개정판 1쇄 발행 2022년 4월 30일

저자 : 오나미 아츠시
번역 : 이재경

펴낸이 : 이동섭
편집 : 이민규, 탁승규
디자인 : 조세연, 김현승, 김형주
영업・마케팅 : 송정환, 조정훈
e-BOOK : 홍인표, 서찬웅, 최정수, 김은혜, 이홍비, 김영은
관리 : 이윤미

㈜에이케이커뮤니케이션즈
등록 1996년 7월 9일(제302-1996-00026호)
주소 : 04002 서울 마포구 동교로 17안길 28, 2층
TEL : 02-702-7963~5   FAX : 02-702-7988
http://www.amusementkorea.co.kr

ISBN 979-11-274-5318-3 03390

図解 ミリタリーアイテム
"ZUKAI MILITARY ITEM" by Atsushi Ohnami
Text ⓒ Atsushi Ohnami 2010.
Cover Illustration ⓒ Takako Fukuchi 2010.
Text Illustration ⓒ Tomonori Kodama 2010.